高等职业院校前沿技术专业特色教材

物联网导论

——智能家居案例教学 微课版+活页式

廖庆涛 陈建华 万晓明 主编

顾宏久 赵宇枫 肖 磊 刘珊珊 陈媛媛 范小波 副主编

清华大学出版社

北京

内 容 简 介

本书以物联网技术为主线，结合高等职业院校学生的特点，按项目对智能家居知识及其搭建的全过程进行讲解。本书为活页式工作笔记类教材，笔记区可用于记录学习过程、重难点以及学习任务完成情况，它包含学习笔记、任务问题回答、任务完成过程、任务实际完成时间、任务实际完成结果。

全书共分为9章，包括物联网的概念，智能家居的起源、发展、定义、组成、特点、场景设置，物联网项目系统架构设计、通用协议技术要求，系统的集成，智能网关，智能开关，家庭照明灯光控制，智能场景面板，智能电动窗帘，智能门锁，安防感知，智能空调，新风系统，地暖系统，智能别墅设计等。为方便学习，本书配有电子课件和微课视频，可扫描书中相应位置的二维码下载或观看。

本书可作为各类职业院校电子信息类相关专业的教材，也可作为智能家居爱好者的参考读本。

图书在版编目(CIP)数据

物联网导论：智能家居案例教学：微课版＋活页式/廖庆涛，陈建华，万晓明主编.—北京：清华大学出版社，2022.9（2024.7重印）
高等职业院校前沿技术专业特色教材
ISBN 978-7-302-61524-8

Ⅰ.①物… Ⅱ.①廖… ②陈… ③万… Ⅲ.①物联网－高等职业教育－教材 Ⅳ.①TP393.409 ②TP18

中国版本图书馆CIP数据核字(2022)第144412号

责任编辑：王剑乔
封面设计：刘 键
责任校对：李 梅
责任印制：沈 露

出版发行：清华大学出版社
网 址：https://www.tup.com.cn，https://www.wqxuetang.com
地 址：北京清华大学学研大厦A座 **邮 编**：100084
社 总 机：010-83470000 **邮 购**：010-62786544
投稿与读者服务：010-62776969，c-service@tup.tsinghua.edu.cn
质量反馈：010-62772015，zhiliang@tup.tsinghua.edu.cn
课件下载：https://www.tup.com.cn，010-83470410
印 装 者：三河市铭诚印务有限公司
经 销：全国新华书店
开 本：185mm×260mm **印 张**：11.25 **字 数**：268千字
版 次：2022年9月第1版 **印 次**：2024年7月第2次印刷
定 价：49.00元

产品编号：095149-01

前言

PREFACE

近年来，随着物联网技术的不断发展，其应用越来越成熟，智能家居作为物联网技术的一个重要分支，受到越来越多的关注。随着世界各地对节能环保的重视，我国对与环保相结合的产业给予了政策上的支持，不断加大对智能家居相关企业的扶持和引导。建筑行业提出了绿色建筑、智能化建筑及节能减排的目标，这对于智能家居市场起到了很好的推动作用，预示着智能家居行业在我国具有相当大的发展潜力。相应地，社会需要越来越多的智能家居行业人才。为弥补智能家居产业发展带来的人才缺口，满足相关专业的教学需求以及广大物联网技术和智能家居技术爱好者对智能家居了解的需要，我们编写了本书。

本书作为高等职业院校物联网技术应用专业建设成果之一，内容全面、新颖，尽可能地覆盖了智能家居领域的新技术和新产品。本书语言通俗易懂并配有微课视频，方便各层次人员学习。本书由长期从事物联网及智能家居教学、研究的一线教师和企业人员共同编写，内容编排和选取有利于教学的实施。

本书以立德树人为根本，以习近平新时代中国特色社会主义思想为指导，深度挖掘思政元素，基于产教融合，以"生活意识""职业意识""革命意识""创新意识"四维育人维度为主线，形成思政与专业教学相结合的教学体系，达到增强学生专业自豪感、认同感的目的，全面达成素质培养目标。

本书为活页式教材，在活页笔记、学习资源以及信息化教学平台的支撑下，教师发布课前学习任务并布置适当的作业，设计测试题、讨论话题、问题等，学生通过自学、看学习视频、查阅资料、咨询老师等方式完成课前布置的任务；课堂阶段，教师组织课堂，检查学生课前学习情况、讲解重难点、回答学生提出的问题，进行实践性操作演示，对学生学习情况进行总结和讲评等；课后阶段，教师发布课后学习任务、发起讨论并回答学生提出的问题，对学生的学习情况和表现进行讲评打分。

本书具体章节安排如下：第 1 章介绍了物联网的概念、起源、特征和应用，智能家居的起源、发展现状、定义、组成、特点及发展趋势；第 2 章介绍了系统架构、通用协议技术要求(包括 Modbus 协议、KNX 协议、ZigBee 协议、蓝牙、Wi-Fi 及常用协议的优缺点)；第 3 章介绍了集成系统、智能家居系统(包括子系统、智能家居 App、语音控制、智能音箱、智慧社区的概念与特征)；第 4 章介绍了无线传感器技术，智能网关的概念，家庭网关的功能、优势和类型，智能开关的介绍、选购、原理，智能插座的定义、分类和优势；第 5 章介绍了 RFID 物联网技术、智能场景面板及功能、家庭影院系统的组成、红外万能遥控器、智能电动窗帘(包括电动窗帘的组成、分类、选购和安装，电动推窗器)；第 6 章介绍了智能门锁的概述、功能、分类、主要组成部件、设置、入网、选购、安装，射频识别技术概述，IC 卡产品的分类；第 7 章介绍了传感器及其应用、门磁/窗磁感应器、人体传感器、燃气探测器、烟雾探测器、水浸探测器、空气质量传感器和风雨传感器；第 8 章介绍了嵌入式系统、空调系统、智能中央空调网关、中央空调的特点、智能空调控制器、新风系统(包括定义、优点、智能控制器及分类)、地暖系统(包括定义，常见的布管铺设方式、调试、保养，地暖温控器及优点)；第 9 章介绍了智能别墅的设计和要求。本书每个章节都设计了需要学生动手操作的实训项目，以先理论后实践的教学方式，帮助学生对物联网技术结合智能家居技术有更深的理解。

本书采用校企合作形式编写，由重庆工业职业学院的廖庆涛、陈建华和万晓明任主编。其中，本书的第 1 章、第 3 章、第 8 章由廖庆涛编写，第 2 章由陈建华编写，第 4 章、第 5 章由万晓明编写，第 6 章、第 9 章由顾宏久、陈媛媛编写，第 7 章由赵宇枫编写。玉林师范学院的肖磊，广州华南商贸职业学院的刘珊珊，重庆旭言科技有限公司的范小波、张越、汤浩、陈静、李鹏薇、莫美娇、肖波、阮璐参加了本书的资料收集和编写工作。上海卓越睿新数码科技股份有限公司吴杨、肖正中负责拍摄微课视频和教学课件的制作。

最后，非常感谢重庆工业职业学院的大力支持，也非常感谢重庆旭言科技有限公司和上海卓越睿新数码科技股份有限公司的帮助，在这里，向提供支持和帮助的各位同仁致以由衷的感谢!

物联网技术和智能家居的发展很快，未来新知识和新技术必然不断涌现，限于编者的水平，书中难免存在疏漏之处，恳请广大专家和读者不吝赐教。

编 者

2022 年 6 月

本书教学课件

目录

CONTENTS

第1章　物联网概述……………………………………………………………………………… 1

1.1　物联网概述 ………………………………………………………………………… 1
1.1.1　物联网的概念………………………………………………………………… 1
1.1.2　物联网的起源………………………………………………………………… 2
1.1.3　物联网的特征………………………………………………………………… 2
1.1.4　物联网的应用………………………………………………………………… 3
1.2　智能家居的背景 …………………………………………………………………… 8
1.2.1　智能家居的起源……………………………………………………………… 8
1.2.2　国外智能家居的发展现状…………………………………………………… 9
1.2.3　国内智能家居的发展现状 ………………………………………………… 10
1.3　智能家居的定义、组成、特点……………………………………………………… 10
1.3.1　智能家居的定义 …………………………………………………………… 10
1.3.2　智能家居的组成 …………………………………………………………… 12
1.3.3　智能家居的特点 …………………………………………………………… 17
1.4　智能家居的发展趋势……………………………………………………………… 19
1.4.1　国内外智能家居的发展趋势 ……………………………………………… 19
1.4.2　智能家居发展的三个阶段和整个行业的发展趋势 ……………………… 20
1.5　智能生活…………………………………………………………………………… 22
1.5.1　智能生活的具体场景 ……………………………………………………… 22
1.5.2　智能家居热点关注 ………………………………………………………… 24
习题 ……………………………………………………………………………………… 25

第2章　系统架构及通用技术要求 ………………………………………………………… 26

2.1　系统架构…………………………………………………………………………… 26
2.1.1　功能架构 …………………………………………………………………… 26
2.1.2　通用系统模型 ……………………………………………………………… 28
2.1.3　网络拓扑结构 ……………………………………………………………… 28
2.1.4　互联网协议(IP)层次结构 ………………………………………………… 29

2.2 通用协议技术要求 …… 30
2.2.1 Modbus 协议 …… 31
2.2.2 KNX 协议 …… 32
2.2.3 ZigBee 协议 …… 33
2.2.4 蓝牙 …… 37
2.2.5 Wi-Fi …… 42
2.2.6 常用协议的优缺点 …… 43
习题 …… 43

第 3 章 系统控制 …… 45

3.1 系统集成 …… 45
3.1.1 系统集成的概念 …… 46
3.1.2 设备系统集成和应用系统集成 …… 46
3.1.3 系统集成的特点 …… 47
3.2 我国智能家居的发展历程 …… 48
3.3 智能家居系统 …… 50
3.4 智能场景控制和语音控制 …… 52
3.4.1 智能家居 App 概述 …… 52
3.4.2 智能家居 App 的主要功能 …… 54
3.4.3 语音控制 …… 54
3.4.4 智能音箱 …… 55
3.5 拓展提高 …… 56
3.5.1 社区关联服务 …… 56
3.5.2 智慧社区的特征 …… 57
习题 …… 58

第 4 章 智能网关和智能开关 …… 60

4.1 智能网关 …… 60
4.1.1 无线传感器物联网络技术 …… 61
4.1.2 智能网关的概念 …… 61
4.1.3 智能家庭网关的功能、优势和类型 …… 64
4.1.4 集成网关 …… 65
4.2 课堂活动：智能网关的配置 …… 66
4.3 智能开关 …… 70
4.3.1 开关的发展背景 …… 70
4.3.2 开关的种类 …… 71
4.3.3 智能开关的概念 …… 72
4.4 智能插座 …… 75
4.4.1 智能插座的种类 …… 75

4.4.2 智能插座的优势 …… 76
4.4.3 智能插座安装接线的工艺流程 …… 77
4.5 家庭照明灯光控制 …… 77
4.5.1 家庭照明的基本要求 …… 77
4.5.2 智能灯光系统的功能 …… 78
习题 …… 79

第5章 智能场景面板和智能电动窗帘 …… 81

5.1 智能场景面板 …… 81
5.1.1 RFID物联网技术 …… 82
5.1.2 智能场景面板的概念 …… 82
5.1.3 智能场景控制面板的四大功能 …… 84
5.1.4 智能场景面板的安装与入网 …… 85
5.2 智能家居家庭影院系统 …… 86
5.2.1 家庭影院系统的组成 …… 86
5.2.2 家庭影院系统组件 …… 87
5.3 万能遥控器 …… 92
5.3.1 万能遥控器发展历史 …… 92
5.3.2 万能遥控器定义 …… 93
5.3.3 红外万能遥控器的入网 …… 94
5.4 智能电动窗帘 …… 95
5.4.1 智能电动窗帘的组成 …… 96
5.4.2 智能电动窗帘电机的分类 …… 97
5.4.3 窗帘盒尺寸的预留 …… 97
5.4.4 智能电动窗帘电机入网 …… 98
5.4.5 智能电动窗帘的优点 …… 99
5.4.6 选购智能电动窗帘 …… 100
5.4.7 电动窗帘的安装 …… 100
5.5 电动推窗器 …… 101
习题 …… 103

第6章 智能门锁 …… 105

6.1 智能门锁项目描述 …… 105
6.1.1 智能门锁概述 …… 106
6.1.2 智能门锁的功能 …… 108
6.1.3 智能门锁的组成和级别分类 …… 109
6.1.4 智能门锁的安装 …… 111
6.2 智能门锁的设置 …… 113
6.3 拓展提高 …… 115

6.3.1 智能门锁常见故障排除和挑选 …… 115
6.3.2 拓展——IC卡 …… 116
习题 …… 118

第7章 安防感知 …… 119

7.1 传感器的概念 …… 120
7.2 安防项目描述 …… 121
7.3 认识不同的传感器 …… 122
7.3.1 门磁/窗磁感应器 …… 122
7.3.2 人体传感器 …… 124
7.3.3 燃气探测器 …… 126
7.3.4 烟雾探测器 …… 128
7.3.5 水浸探测器 …… 130
7.4 拓展提高 …… 133
7.4.1 空气质量传感器 …… 133
7.4.2 风雨传感器 …… 133
习题 …… 134

第8章 智能空调、新风、地暖系统 …… 136

8.1 空调系统 …… 136
8.1.1 嵌入式系统 …… 136
8.1.2 中央空调网关 …… 138
8.1.3 中央空调网关入网与验证 …… 138
8.1.4 中央空调的特点 …… 139
8.1.5 智能空调控制器 …… 140
8.1.6 智能空调控制器的入网与验证 …… 140
8.2 新风系统 …… 141
8.2.1 新风系统的定义 …… 141
8.2.2 新风系统通风原理 …… 141
8.2.3 按送风方式的系统分类 …… 142
8.2.4 按安装方式的系统分类 …… 143
8.2.5 新风系统的优点 …… 143
8.2.6 新风系统智能控制器 …… 144
8.2.7 新风系统智能控制器入网与验证 …… 145
8.3 地暖系统 …… 145
8.3.1 地暖的定义 …… 146
8.3.2 地暖的主要参数 …… 146
8.3.3 常见的布管铺设方式 …… 147
8.3.4 安装智能地暖温控器的优点 …… 147

8.3.5　地暖温控器安装入网与验证……148
8.3.6　地暖的使用范围……148
8.3.7　地暖系统通热的调试……148
8.3.8　地暖系统的保养……149
习题……150

第9章　智能别墅设计……151

9.1　智能别墅……151
9.1.1　智能家居的应用……151
9.1.2　别墅的分类……153
9.1.3　别墅的设计要求……155
9.1.4　综合布线……155
9.2　别墅分区设计……156
9.2.1　内院……156
9.2.2　玄关……157
9.2.3　客厅……157
9.2.4　卧室……158
9.2.5　老人房……159
9.2.6　儿童房……159
9.2.7　厨房……160
9.2.8　卫生间……161
9.2.9　书房……161
9.2.10　楼梯走廊……162
9.2.11　智能灯光、窗帘、电器控制系统……163
9.3　别墅场景……165
习题……166

参考文献……168

第1章

物联网概述

笔记

教学目标

知识目标

1. 掌握物联网的概念。
2. 掌握物联网的特征。
3. 掌握智能家居的定义。

能力目标

1. 了解物联网的起源。
2. 了解物联网的应用。
3. 掌握智能家居的组成、特点及发展趋势。
4. 了解智能生活。

素质目标

1. 培养学生在生活中形成绿色低碳意识。
2. 培养学生养成节能减排的意识。
3. 让学生认识到可持续发展的意义。

1.1 物联网概述

1.1.1 物联网的概念

物联网的概念

物联网(Internet of Things,IOT)是指通过信息传感器、射频识别技术(RFID)、全球定位系统、红外感应器、激光扫描器等各种装置与技术,实时采集任何需要监控、连接、互动的物体或过程,采集其声、光、热、电、力学、化学、生物、位置等各种需要的信息,通过各类可能的网络接入,实现物与物、物与人之间的泛在连接,实现对物品和过程的智能化感知、识别和管理。物联网是一个基于互联网、传统电信网等的信息承载体,它让所有能够被独立寻址的普通物理

笔记

对象形成互联互通的网络。

2021 年 7 月 13 日,我国互联网协会发布了《中国互联网发展报告(2021)》,物联网市场规模达 1.7 万亿元,人工智能市场规模达 3031 亿元。

1.1.2 物联网的起源

物联网的起源

物联网概念最早出现于比尔·盖茨 1995 年出版的《未来之路》一书,在《未来之路》中,比尔·盖茨已经提及物联网概念,只是当时受限于无线网络、硬件及传感设备的发展,并未引起世人的重视。

1998 年,美国麻省理工学院创造性地提出了当时被称作 EPC 系统的"物联网"的构想。

1999 年,美国 Auto-ID 首先提出"物联网"的概念,它主要是建立在物品编码、RFID 技术和互联网的基础上。在中国,早期物联网被称为传感网。中科院早在 1999 年就启动了传感网的研究,并取得了一些科研成果,建立了一些适用的传感网。同年,在美国召开的移动计算和网络国际会议提出了"传感网是下一个世纪人类面临的又一个发展机遇"。

2003 年,美国《技术评论》提出传感网络技术将是未来改变人们生活的十大技术之首。

2005 年 11 月 17 日,在突尼斯举行的信息社会世界峰会(WSIS)上,国际电信联盟(ITU)发布了《ITU 互联网报告 2005:物联网》,正式提出了"物联网"的概念。报告指出,无所不在的物联网通信时代即将来临,世界上所有的物体从轮胎到牙刷、从房屋到纸巾都可以通过互联网主动进行信息交换。射频识别技术、传感器技术、纳米技术、智能嵌入技术将到更加被广泛地应用。

1.1.3 物联网的特征

物联网的特征

从通信对象和过程来看,物与物、人与物之间的信息交互是物联网的核心。物联网的基本特征可概括为整体感知、可靠传输和智能处理。

(1) 整体感知。可以利用射频识别、二维码、智能传感器等感知设备获取物体的各类信息。

(2) 可靠传输。通过对互联网、无线网络的融合,将物体的信息实时、准确地传送,以便信息交流、分享。

(3) 智能处理。使用各种智能技术,对感知和传送到的数据、信息进行分析处理,实现监测与控制的智能化。

根据物联网的以上特征,结合信息科学的观点,围绕信息的流动过程,可以归纳出物联网处理信息的功能如下。

笔记

(1) 获取信息的功能。主要是信息的感知、识别，信息的感知是指对事物属性状态及其变化方式的知觉和敏感；信息的识别指能把所感受到的事物状态用一定方式表示出来。

(2) 传送信息的功能。主要是信息发送、传输、接收等环节，最后把获取的事物状态信息及其变化的方式从时间(或空间)上的一点传送到另一点的任务，这就是常说的通信过程。

(3) 处理信息的功能。这是指信息的加工过程，利用已有的信息或感知的信息产生新的信息，实际是制定决策的过程。

(4) 施效信息的功能。这是指信息最终发挥效用的过程，有很多的表现形式，比较重要的是通过调节对象事物的状态及其变换方式，始终使对象处于预先设计的状态。

1.1.4　物联网的应用

物联网的应用

物联网的应用领域涉及方方面面。在工业、农业、环境、交通、物流、安保等基础设施领域的应用有效地推动了这些方面的智能化发展，使有限的资源更加合理地被使用分配，从而提高了行业效率和效益。在家居、医疗健康、教育、金融与服务业、旅游业等与生活息息相关领域的应用，使该领域从服务范围、服务方式到服务的质量等方面都有了极大的改进，大大提高了人们的生活质量；在国防军事领域方面的应用，虽然还处在研究探索阶段，但物联网应用带来的影响不可小觑，大到卫星、导弹、飞机、潜艇等装备系统，小到单兵作战装备，物联网技术的嵌入有效提升了军事智能化、信息化、精准化，极大提升了军事战斗力，是未来军事变革的关键。

1. 智能交通

物联网技术在道路交通方面的应用比较成熟。随着社会车辆越来越普及，交通拥堵甚至瘫痪已成为城市的一大问题。对道路交通状况实时监控并将信息及时传递给驾驶人，让驾驶人及时做出出行调整，可有效缓解交通压力；高速路口设置道路自动收费系统(简称 ETC)，免去进出口取卡、还卡的时间，提升车辆的通行效率；公交车上安装定位系统，能及时了解公交车行驶路线及到站时间，乘客可以根据搭乘路线确定出行，免去不必要的时间浪费。社会车辆增多，除了会带来交通压力外，停车难也日益成为一个突出问题，不少城市推出了智慧路边停车管理系统，该系统基于云计算平台，结合物联网技术与移动支付技术，共享车位资源，提高车位利用率和用户的方便程度。该系统可以兼容手机模式和射频识别模式，通过手机端 App 软件可以实现及时了解车位信息、车位位置，提前做好预定并实现交费等操作，很大程度上解决了“停车难、难停车”的问题。

笔记

2. 智能家居

智能家居是物联网在家庭中的基础应用，随着宽带业务的普及，智能家居产品已涉及到方方面面。如，用户可利用手机等产品客户端远程操作智能空调，调节室温，有些产品还可以学习用户的使用习惯，从而实现全自动的温控操作，使用户在炎炎夏季回家就能享受到凉爽；通过客户端实现智能灯泡的开关、调控灯泡的亮度和颜色等；插座内置 Wi-Fi，可实现遥控插座定时通断电流，甚至可以监测设备的用电情况，生成用电图表让用户对用电情况一目了然，合理安排资源使用及开支预算；智能体重秤可监测用户的运动效果，它内置可以监测用户血压、脂肪量的先进传感器，内定程序可根据用户身体状态提出健康建议；智能牙刷与客户端相联，可进行刷牙时间、刷牙位置提醒，可根据刷牙的数据生成图表，表示口腔的健康状况；智能摄像头、窗户传感器、智能门铃、烟雾探测器、智能报警器等都是家庭不可少的安全监控设备，即使你出门在外，也可以在任意时间、任何地方查看家中的实时状况，以消除安全隐患。看似烦琐的种种家居生活因为物联网变得更加轻松、美好。

3. 公共安全

近年来全球气候异常情况频发，灾害的突发性和危害性进一步加大，互联网可以实时监测环境的不安全性情况，做到实时预警，以便人们能对灾害及时采取应对措施，降低灾害对人类生命财产的威胁。美国布法罗大学早在 2013 年就提出研究深海互联网项目，将特殊处理的感应装置置于深海处，分析水下相关情况，可对海洋污染进行防治，对海底资源进行探测，甚至对海啸提供更加可靠的预警。该项目在当地湖水中进行了试验，并获得成功，为进一步扩大使用范围提供了基础。利用物联网技术可以智能感知大气、土壤、森林、水资源等各方面的指标数据，对于改善人类生活环境发挥巨大作用。

4. 智能小区

居住小区是都市人们的一种主要住房和生活方式。与智能大楼相对应，具有智能化系统和功能的居住小区常被称为智能化小区，简称智能小区。它以住宅为对象，以计算机网络为核心，是信息技术向建筑行业的渗透，在满足以人为本、环境优先、节能为重的同时，向人们提供高效、舒适、便利、安全的建筑环境，满足高速信息交换的社会需求，将科学技术与文化艺术相互融合，体现出建筑艺术与信息技术较完美的结合。

经过十几年的发展，智能建筑已经在向更高级的阶段发展，在真正实现以人为本的前提下，通过对建筑物智能功能的配备，强调高效率、低能耗、低污染，达到节约能源、保护环境和可持续发展的目标，跨入到“绿色建筑”的新境界。但智能只是一种手段，如果离开节能和环保，再“智能”的建筑也将无法存在，每栋建筑的功能必须与由此能带给用户和业主的经济效益紧密相关。

笔记

智能建筑的最终目标是将各种硬件与软件资源优化组合，成为一个能满足用户功能需要的完整体系，它将建筑物中用于楼宇自控、综合布线、计算机系统的各种相关网络中所有分离的设备及其功能信息，有机地组合成一个既相互关联又统一协调的整体，并朝着高速度、高集成度、高性能价格比的方向发展。智能建筑的基本要素是通信系统的网络化、建筑的柔性化、建筑物管理服务的自动化、办公业务的智能化。

智能小区是通过一个高度集成的计算机网络，把小区安全防范系统、物业管理系统、公共服务系统、信息系统连接起来，建立小区集成平台与信息处理控制中心，各个系统独立运行又共享网络软硬件资源，实现智能化与最优化，为住户营造一个安全、自由、舒适、方便的现代居家生活环境。

目前，在国内关于小区智能化的案例有很多，但是，由于没有根据具体项目的特点进行设计，因此，造成很多小区的智能化方案千篇一律，没有特色，使用户感觉不到智能化方面的特色享受，对小区的卖点也起不到锦上添花的效果，从某种意义上造成了智能化的浪费。

智能家居设计会用到以下系统：楼宇对讲系统；居家环境检测系统；居家安防系统；居家控制系统；综合管路系统。

例如，居住在智能小区的用户，在下班回家路上，拿起手机轻轻一按，热水器已经提前启动，为用户舒舒服服地冲个热水澡做好准备；空调已按用户的指令自动打开，一进家门就是一个清凉的世界，房间里传出自己最喜欢的背景音乐，舒适宜人。用户洗完澡一身清爽之后，拿起手机，随心操控各类设备，畅快地享受数码高清大片带来的震撼；躺在软软的床上，遥控灯光让环境变得温柔，远离一天的嘈杂，享受此时属于自己的静谧；入睡之前，窗帘在遥控器的指令下徐徐拉上，带着满眼的星光和用户一同入梦……

夜间起夜时，按下床头的起夜按键，或双脚下床地灯和卫生间灯缓缓开启，提供起夜照明的同时，给予人们无微不至的关怀。

早上醒来时，唤醒卧室内的智能魔镜，屏幕上先显示昨晚的心跳、呼吸、翻身、离床、体动、深浅睡眠情况，并语音进行睡眠的简单点评。接下来显示当天的气温，紫外线强度，PM2.5的最新资讯信息；语音提示是否需要增减衣物及是否需要准备雨伞、口罩等物品。

用遥控器一按（程序已设定），厨房里的智能电器开始煮粥，

笔记

烤面包；智能水壶已经根据用户的选择与喜好热好了合适温度的水。

洗漱完毕，在享受丰富营养早餐的同时，智能电视发出语音提示："某某路况怎样，请改行某某路线"。

就餐时，餐厅灯光自动调节到就餐的亮度，温度自动调节到最舒适状态，背景音乐播放出惬意的佐餐音乐。

出门时，用手机调到"离开"状态，智能系统会发号施令将家里所有的安防设备打开布防；主人在家时，智能网关自动把红外感应探测器、门磁、窗磁报警器等防盗传感器关闭，同时把烟感、火灾、煤气等传感器打开；还可以根据需要，设置各种类型传感器的开闭实现布防，一旦有人触发，用户可以及时与家人沟通或通知物业处理问题。

网关联合控制系统可以让用户方便地在外部网络上使用计算机、手机等对家庭灯光、空调、热水器等运行状态实施远程控制。当用户离开后忘记关闭灯光、空调等设备时，可以随时随地拿起手机，将其关闭，还可以通过互联网用计算机访问家庭网关中心，实时地监控和管理家庭电器和安全状况。

智能终端与家庭网络中心通过交换机连接在一起，可以创造健康的生活环境，例如，当室内有很多人抽烟时，智能感知模块能感知到室内环境变差，会启动换风系统，及时进行通风，从而创造一个良好的生活环境。

智能小区安全要求相对较高。出于对小区安全管理的需要，智能小区一般会安装摄像监控系统，由技防辅助人防，实时记录各重要区域的图像。值勤人员可以通过电视监控系统全方位地实时了解各区域动向情况。当有突发事件发生时，有利于迅速观察现场并采取行动，还能集中监视事态发展并指挥行动；监控系统同时能有效地威慑和预防不良事件的发生，并可通过录像为事后破案提供有力线索，提高了技防装备水平与管理档次，为小区安全管理提供服务。

如有亲朋好友到访时，访客可通过单元门口机呼叫住户，同时和住户进行通话。住户可呼叫管理中心，管理中心可以与任一住户对讲。当访客在小区门口机/单元门口机呼叫智能终端时，智能终端会有响铃，同时显示访客图像。此时住户点击"通话键"与小区门口、单元门口的访客进行可视通话。在通话过程中，住户可以通过按"开门"键开启小区门口机/单元门口机电锁，或通过按"结束"键结束通话。

住户按智能终端界面上的"物业"按键可呼叫物业中心，呼通后住户可以与物业进行双向对讲。当物业呼叫智能终端时，智能终端会有响铃提示，此时住户可通过按智能终端上的"通话"按键

笔记

与物业进行双向通话，在通话结束，可通过按“结束”按键结束通话。

住户可以在智能终端空闲的情况下按智能终端上的“监视”按键，选择监视单元门口机/小区门口机图像，并可实时抓拍。

小区内任意两台智能终端之间可以通过呼叫对方房号，进行双向通话。

住户休息时可以在智能终端上点击“免打扰”按键设置免扰功能，当访客呼叫智能终端时不响振铃，但可以看到呼叫访客的图像。

访客呼叫智能终端时，若室内无人接听，响铃超过一定时间后室内智能终端机转入留影留言状态，当小区门口机/单元门口机提示“留言请按‘中心’键”后，访客按下“中心”键后可以进行留言。留言后智能终端处访客留言图标将闪烁，住户在智能终端空闲状态下，按“访客记录”按键，系统就会显示访客给该住户的信息。

以人为本，智能家居的设计应始终站在使用者的角度进行设计，实现智能家居功能恰当、操作简便、人性化。需要把握以下设计原则。

(1) 适用性。系统设计与设备配置应充分考虑项目的特点，适应住宅使用功能的要求，满足使用需要。

(2) 先进性。系统设计和产品的选用在投入使用时应具有一定的技术先进性，但不盲目追求尚不成熟的新技术或不实用的新功能，以充分保护业主的投资。

(3) 可靠性。系统设计与设备选型采用先进成熟、稳定可靠的主流技术，切实提升住宅的使用功能。

(4) 实施的可行性。采用成熟可靠的技术，同时考虑到信息通信环境的现状和技术的发展趋势，使设计的方案现实可行。

(5) 标准化、开放性。标准化、开放性是信息技术发展的必然趋势，在条件允许的前提下，尽可能采用标准化、具良好开放性的并遵循国际上通行的通信协议，以利于日后的使用和维护。

(6) 可扩充性。系统设计考虑到今后技术的发展和使用的需要，具有更新、扩充和升级的可能。

(7) 人性化。系统操作应简便易学，方便各类用户使用。

(8) 个性化。系统应用软件功能可根据使用者的生活习惯、兴趣爱好等方便设置。

教学活动：讨论

你认为物联网是什么？(请将讨论结果写在笔记区，后同)

笔记

1.2 智能家居的背景

1.2.1 智能家居的起源

19 世纪中期开始的第二次工业革命促使电能广泛应用，电器发明层出不穷。20 世纪 30 年代，世界博览会上，有人提出了家庭自动化的设想。直到 1984 年，智能家居在美国康涅狄格州才有了原型建筑。当时，人们对一座旧式大楼进行了一定程度的改造，采用计算机系统对大楼的空调、电梯、照明等设备进行监测和控制，并提供语音通信、电子邮件和情报资料等方面的信息服务。这种将电器、通信设备与安全防范设备各自独立的功能综合为一体的系统，被美国人称为 smart home。

智能家居的起源

智能家居的核心技术是家庭总线，故随后行业的研究工作主要围绕如何建立家庭总线技术标准进行。1984 年，美国电子工业协会开始制定家庭总线 CEBUS，该协议支持低压电力线路导线、双绞线、同轴电缆、射频、红外线等多种通信介质，最终于 1992 年 9 月发布。1997 年，日本成立 ECHONET(Energy Conservation and HOmecare Network)协会，主要目标是开发标准化的家庭网络标准规格，并将其应用在家庭能源管理、居家医疗保健等服务上。

随着家庭总线技术研究的不断深入，智能家居的新功能设计、新型终端设备的开发工作也逐步展开。与此同时，推动该类技术的组织和联盟也不断出现。1999 年 3 月，微软在全球范围内力推"维纳斯计划"，向信息家电领域挺进。基于 Windows CE 的信息家电产品，拟把网络接入电视，从而让中国庞大的电视家庭切换到网络和数字时代。虽然这一计划失败了，却加速了中国智能家居的发展。2003 年 6 月，数字生活联盟(DLNA)成立，旨在解决 PC、消费电器、移动设备的无线网络和有线网络的互联互通，使数字媒体和服务内容的共享成为可能。

2004 年 7 月，"家庭网络平台标准工作组"的部分骨干成员海尔、清华同方、中国网通等单位共同成立了"中国家庭网络标准产业联盟"——ITopHome(简称 e 家佳)：以家庭网络系统为中心，以完善的产业链形式搭建起家庭网络系统平台。2005 年 6 月，联想、TCL 等企业成立闪联。

2006 年，ZigBee 联盟推出比较完善、稳定的 ZigBee 方案。ZigBee 联盟包括传统的控制系统生产商(如霍尼韦尔国际、美国约翰逊控制公司和西门子股份公司)、新的控制系统公司(Control4 Corp.)、针对特定行业的公司(丹麦的暖通空调制造商 Danfoss

笔记

Group Global 和瑞典的锁具生产商亚萨合莱)、专门从事 ZigBee 的新兴公司及半导体公司(飞思卡尔半导体、意法半导体和德州仪器),应用 ZigBee 技术的产品陆续推向市场。

2007 年 6 月,iPhone 2G 在美国上市。随后,在智能家居市场,苹果利用"硬件+系统+软件商店+Apple ID"的模式,先后推出 iPad JTV 产品。2009 年 4 月,谷歌正式推出了 Android 1.5 手机;随后,推出了谷歌 TV;2011 年 5 月,谷歌又发布了 Android@Home,用 Android 控制家电。苹果公司和谷歌公司对智能家居市场的战略调整,让传统"电视与电脑"的家庭控制中心之争又多了两个强有力的产品——智能手机和平板电脑,而以智能手机和平板电脑作为家庭移动控制终端更符合人们的习惯。

2009 年 9 月,随着"感知中国"的号召,物联网技术迅速在国内掀起了研究和应用高潮,智能家居是物联网技术的重点应用领域。2012 年 3 月,中国智能家居联盟成立,该联盟由长虹、海尔、鸿雁、瑞德、冠林、松下、北京市标准研究所(中关村标准创新服务中心)、华南家电研究院、广东数字家庭产业基地等单位和机构联合发起,得到了住房和城乡建设部、工业和信息化部、国家质量监督总局和相关科研院所、产业基地领导的支持。

1.2.2　国外智能家居的发展现状

智能家居的发展现状

美国康涅狄格州建成的世界上第一幢智能建筑采用计算机系统对大楼的空调、电梯、照明等设备进行监控,并提供语音通信、电子邮件、情报资料等方面的信息服务。2000 年,新加坡有近 30 个社区的约 5000 户家庭采用了这种家庭智能化系统,美国的安装住户高达 4 万户。国外的智能家居系统技术已日趋成熟,目前市场上出现的智能家居控制系统主要有以下几种。

(1) X-10 系统(美国)。该系统以电力线作为网络平台,采用集中控制方式实现功能。该系统的功能较为强大,与其他家居控制系统(如 ABB. C-Bus 等)比起来其信号更容易接收,使用也相对简单。由于实现同样的功能,X-10 系统是利用 220V 电力线将发射器发出的 X-10 信号传送给接收器从而实现智能化控制,因此采用这套系统不需要额外布线,这也是该系统最大的优势,因为其他系统基本上都需要布低压线,在墙上或地面开槽、钻孔,施工难度大、费用高、工期长。但由于缺乏在国内市场推广的条件且价格昂贵,该系统在国内应用极少。

(2) KNX 系统(比利时)。KNX 协议是家居和楼宇控制领域的开放式国际标准,该协议以 EIB 为基础,兼顾了 BatiBus 和 EHSA 的物理层规范,并吸收了 BatiBus 和 EHSA 中配置模式等

笔记

的优点,提供了家居和楼宇自动化的完全解决方案。

(3) 8X 系统(新加坡)。该系统采用预处理总线和集中控制方式实现功能。它的优点在于利用产品对系统进行扩展,系统较为成熟。但是由于系统架构、灵活性及产品价格等方面还难以达到要求,所以目前在国内较少应用。

1.2.3 国内智能家居的发展现状

20 世纪 90 年代后期,我国的智能小区日益兴起。随着信息化走进千家万户,国家经济贸易委员会牵头成立了家庭信息网络技术委员会,信息网络技术体系的研究及产品开发被列为国家技术创新的重点专项计划。

我国的智能家居相对于国外起步较晚,目前市场上提供智能家居的代表厂商有以下几类。

一类是传统的楼宇对讲厂商,主要有视声、安居宝、视得安、振威等,这类厂商主要是提供一个智能化的综合控制平台,在此平台上整合安防报警、家电控制等众多子系统。

一类是家电厂商,如 TCL、美的等,这类厂商主要以提供信息化、网络化的家电为主。

还有一类是专注于灯光控制、窗帘控制等模块和接口的生产厂商,代表厂家有索博、新和创、奇胜等,主要是配合前两类厂商,提供各类智能开关和接口模块。

国内各大软硬件机构正在积极地研制和开发更为符合市场的智能化家居设备,以解决当前智能化产品实用性差、使用复杂及产品价格昂贵等问题,而技术创新性也逐步向国际先进水平靠拢,这样的未来值得期待。

教学活动:讨论

谈谈你对智能家居的认识?

1.3 智能家居的定义、组成、特点

1.3.1 智能家居的定义

智能家居的定义

智能家居是指将家庭中各种与信息相关的通信设备、家用电器和家庭安防装置,通过家庭总线技术(HBS)连接到一个家庭智能系统上,进行集中或异地监视、控制和家庭事务性管理,并保持这些家庭设施与住宅环境的协调。

与智能家居的含义近似的还有家庭自动化(home automation)、

笔记

数字家庭(digital family)、家庭网络(home net/networks for home)、网络家电(network appliance)等概念。这些概念既相互关联,所包含的内容又有所不同,比较容易混淆。

(1) 家庭自动化是指利用微处理电子技术集成或控制家中的电子电器产品或系统,如照明灯、咖啡炉、计算机设备、保安系统、暖气及冷气系统、视讯及音响系统等。家庭自动化系统主要是以一个中央微处理机(central processor unit,CPU)接收来自相关电子电器产品(外界环境因素的变化,如太阳初升或西落等造成的光线变化等)的信息后,再以既定的程序发送适当的信息给其他电子电器产品。中央微处理机必须透过许多界面来控制家中的电子电器产品,这些界面可以是键盘,也可以是触摸式屏幕、按钮、计算机、电话机、遥控器等;用户可发送信号至中央微处理机或接收来自中央微处理机的信号。

家庭自动化系统是智能家居的一个重要系统。在智能家居刚出现时,家庭自动化甚至就等同于智能家居,今天它仍是智能家居的核心之一。但随着智能家居的普遍应用,网络家电、信息家电的成熟,家庭自动化的许多产品功能将融入到这些新产品中,从而使单纯的家庭自动化产品在系统设计中越来越少,家庭自动化系统的核心地位也将被家庭网络/家庭信息系统所代替,最终将作为家庭网络中的控制网络部分在智能家居中发挥作用。

(2) 数字家庭以计算机技术和网络技术为基础,各种家电通过不同的互联方式进行通信及数据交换,实现家用电器之间的"互联互通",使人们足不出户就可以方便、快捷地获取信息,从而极大地提高人类居住的舒适性和娱乐性。数字家庭包括四大功能:信息、通信、娱乐和生活。交互式网络电视(IPTV)、有线数字电视、机顶盒、计算机娱乐中心、网络电话、网络家电、信息家电及家庭自动化等都是数字家庭的体现。

(3) 家庭网络是集家庭控制网络和多媒体信息网络于一体的家庭信息化平台,能在家庭范围内实现信息设备、通信设备、娱乐设备、家用电器、自动化设备、照明设备、保安(监控)装置及水、电、气、热表设备、家庭求助报警设备等的互联和管理,以及数据和多媒体信息的共享。家庭网络系统构成了智能化家庭设备系统,提高了家庭生活、学习、工作、娱乐的品质,是数字化家庭的发展方向。

(4) 网络家电是一种具有信息互联、互通或互操作特征的家电终端产品。现阶段,网络家电的主要实现方法是利用数字技术、网络技术及智能控制技术设计,改进普通家用电器。目前,在销售的网络家电主要包括网络电视、网络冰箱、网络空调、网络洗衣机、网络热水器、网络微波炉等。

智能家居、家庭自动化、数字家庭、家庭网络、网络家电之间的

笔记

关系如图 1-1 所示。家庭网络是保证家庭设备互联的必要条件之一。网络家电是使用家庭网络进行通信的终端设备。家庭自动化是在二者基础上的集成应用,是智能家居的重要组成部分。数字家庭和智能家居部分概念有些重叠,但二者偏重点不同:数字家庭偏重于应用信息领域的技术,搭建有利于人们生活的设备,以此影响人们的生活方式;智能家居则偏重于从生活居住的需求出发,系统地设计、集成、运用现有技术构建满足人们需求的系统。

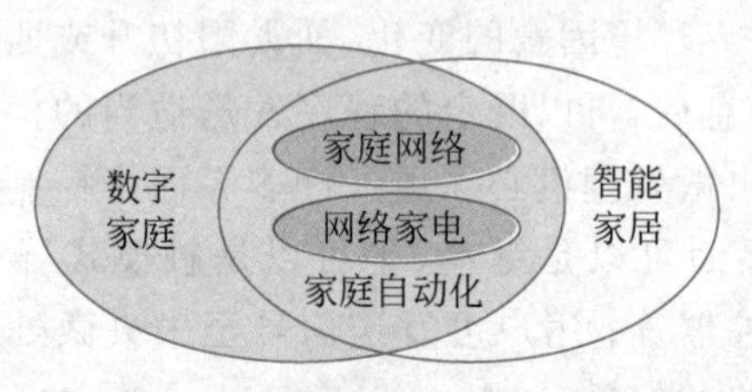

图 1-1 智能家居、家庭自动化、数字家庭、家庭网络、网络家电之间的关系

1.3.2 智能家居的组成

智能家居系统依据设备的作用可以分为:家庭网络、家庭网关和家庭终端设备。家庭网络为家庭信息提供必要的通路,在家庭网络操作系统的控制下,通过相应的硬件和执行机构,实现对所有家庭网络上的家电和设备的控制和监测。家庭网关作为家庭网络的业务平台,构成与外界的通信通道,以实现与家庭以外的世界沟通信息,满足远程控制、监测和交换信息的需求。家庭终端设备是智能家居的执行和传感设备。智能家居系统的典型结构如图 1-2 所示。

智能家居的组成

1. 家庭网络

家庭网络采用分层次的网络拓扑结构,分为两个网段:家庭主网和家庭子网。其中,家庭主网通过家庭网络内部互联主网关与外部网络相连接,家庭子网通过家庭网络内部互联子网关与家庭主网相连接。家庭主网中的设备可以互相通信,并通过家庭网络内部互联主网关访问外部网络。家庭子网中的设备通过家庭网络内部互联子网关、家庭网络内部互联主网关与外部网络通信。

从功能上来说,家庭网络可以是多媒体与数据网络,也可以是其他网络,还可以是两种或两种以上网络的混合体。

家庭网络的体系结构和参考模型如图 1-3 所示。

1)家庭主网

家庭主网主要用来连接家庭网络内部互联网关、控制终端和终端设备。家庭主网在物理实现上可以是多媒体与数据网络,也可以是控制网络。当家庭网络内部仅有一个网络时,该网络便是

笔记

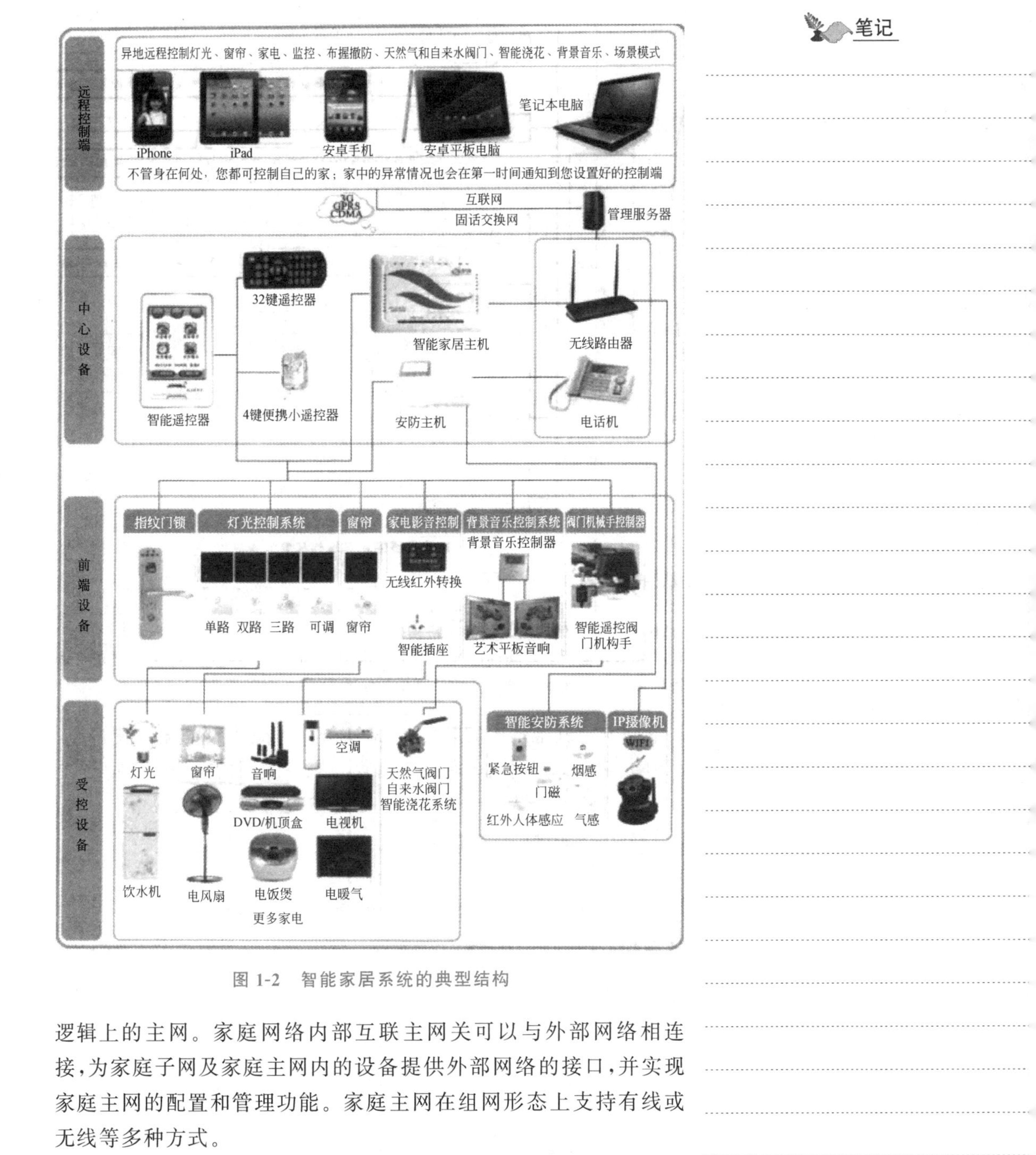

图 1-2 智能家居系统的典型结构

逻辑上的主网。家庭网络内部互联主网关可以与外部网络相连接，为家庭子网及家庭主网内的设备提供外部网络的接口，并实现家庭主网的配置和管理功能。家庭主网在组网形态上支持有线或无线等多种方式。

2）家庭子网

家庭子网是家庭网络中的一个可选网段，是对家庭网络从逻辑层次上进行的划分，从功能上划分包含但不限于控制网络和多媒体与数据网络等。家庭网络内部互联子网关是家庭子网中的一种设备，它既支持家庭子网通信协议，又支持家庭主网通信协议，在物理实现上也可以与家庭网络内部互联主网关成为一体化的设

笔记

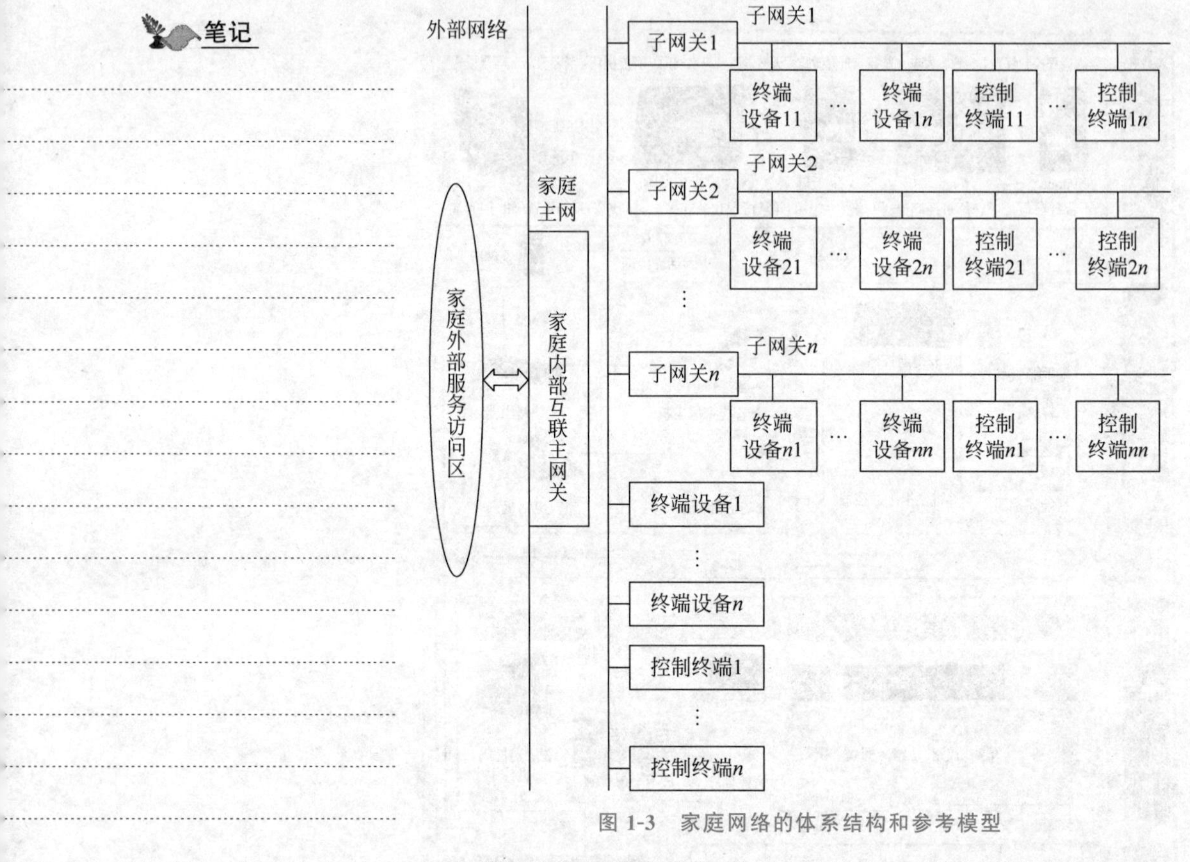

图 1-3 家庭网络的体系结构和参考模型

备。它与家庭子网中的设备互联，实现对家庭子网的配置和管理，同时为家庭子网内的各种设备提供与家庭主网的接口。家庭子网在组网形态上支持有线或无线等多种方式。

2. 家庭网关

1）家庭网络和其他网络之间的连接

家庭网络和其他网络之间的连接通过家庭网络内部互联主网关实现。家庭网络和其他网络之间的连接示意图如图 1-4 所示。

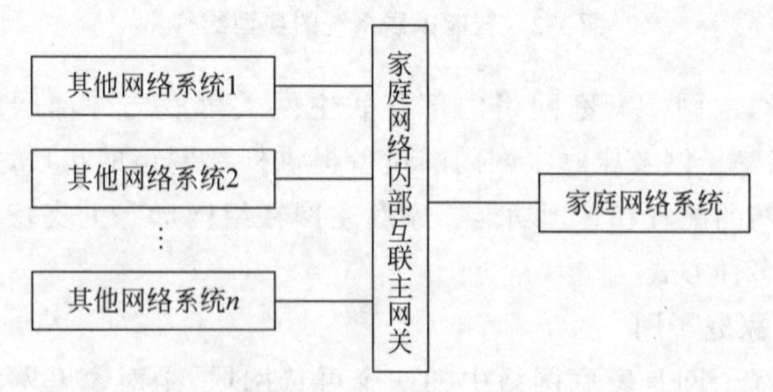

图 1-4 家庭网络和其他网络之间的连接示意图

2）家庭网络内部互联网关设备

家庭网络内部互联网关从逻辑上分为家庭网络内部互联主网关和家庭网络内部互联子网关。

笔记

家庭网络内部互联主网关的作用是连接家庭内部主网中的设备形成家庭主网,实现对家庭主网的配置和管理。家庭网络内部互联主网关还可以连接家庭内部网络和家庭外部网络。家庭网络内部互联主网关是家庭网络内、外交互的桥梁和家庭主网管理的核心。

家庭网络内部互联子网关是家庭子网中的一种设备,既支持家庭子网通信协议,又支持家庭主网通信协议。它与家庭子网中的设备互联,实现对家庭子网的配置和管理,同时为家庭子网内的各种设备提供与家庭主网的接口,还可以使各子网设备通过家庭网络内部互联主网关与外部网络进行通信。

从实际产品的具体形态来说,家庭网络内部互联主网关与家庭网络内部互联子网关在物理上可能是分离的,也可能是集成在一起的。对于家庭网络内部互联主网关与家庭网络内部互联子网关集成在一起的设备,要求同时提供家庭主网和家庭子网的管理功能要求;对于分离型的设备,只需要满足相应部分的要求。

3. 家庭终端设备

家庭终端设备是指能够被家庭网络内部互联网关或控制终端控制、管理的家庭网络设备,如信息设备、通信设备、娱乐设备、家用电器、自动化设备、照明设备、保安(监控)装置、家庭求助报警设备、健康保健设备等。

1)控制终端

控制终端是一种能够生成或者获得家庭网络中的设备注册表,并可通过友好的人机交互界面,在家庭网络的范围内,实现家庭网络设备的注册、控制、管理、设备间资源共享等功能的家庭网络设备。控制终端可以直接与所在主网或子网的终端设备交互,或者通过所在主网或子网的家庭网络内部互联网关与所在主网或子网的终端设备交互。控制终端应通过控制终端所在主网或子网的家庭网络内部互联网关与其他子网的终端设备交互。控制终端可以对家庭网络中的相关终端设备进行控制和管理,如对电视、洗衣机、温度传感器、闹钟、电话等电器设备进行控制和管理。

2)网络家电

网络家电的一般模型主要包括通信模块、控制模块、执行模块和人机交互模块。网络家电的一般模型如图1-5所示。

通信模块提供网络家电与家庭网络之间的通信服务。控制模块实现网络家电的各种控制功能。执行模块执行控制模块发出的命令,实现网络家电的各种基本功能,如加热、洗衣等。人机交互模块实现使用者与网络家电之间所有的交互功能,可以通过传统的按键、屏幕、语音等方式进行人机交互,也可以通过网络进行本地或远程的人机交互,如计算机、电话、PDA等均可以实现网络家电的人机交互。

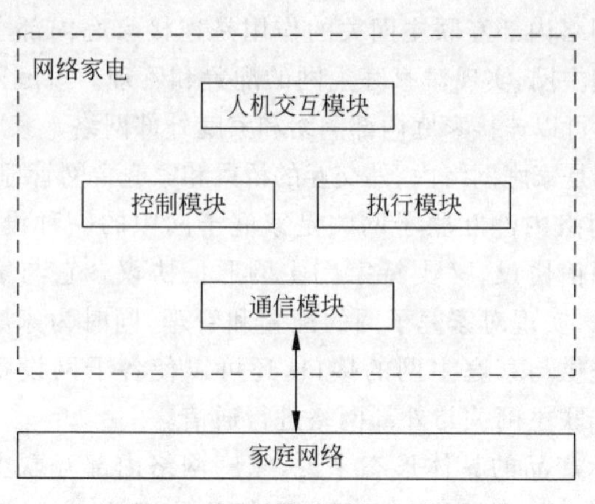

图 1-5 网络家电的一般模型

网络家电具有从网络中“离开”的能力,能够将网络家电设备从网络中断开,清除掉相应的网络信息,在网络家电设备上有断开网络的指示。退出网络的方式有自动断开和人工断开两种。

(1) 自动断开:已加入到网络中的网络家电在规定时间内与该网络无法正常通信联系,将会自动清除掉该网络家电的网络信息。

(2) 人工断开:已加入到网络中的网络家电在人工的干预下发出断开申请,完成断开家庭网络的过程,清除掉相应的网络信息。

网络家电在断电或其他原因引起的与家庭网络断开等问题后,要有能够恢复与家庭网络连接的能力。

网络家电具有判断与家庭网络连接的网络通信状态的能力,即判断该网络家电是处于正常的网络通信状态还是处于异常的网络通信状态。当网络家电设备与家庭网络连接出现异常状态时,网络家电设备上有相应的网络指示。

1) 网络家电的通信控制功能

网络家电应具有与家庭网络中其他网络家电设备建立会话的能力,在系统正常情况下至少能保持基本会话。网络家电能够通过网络接收来自其他网络家电的输入信息或者通过网络将自身的信息传送出去。

2) 控制

控制终端支持对网络家电的控制,通过设备注册表和设备描述文件的解析,获得网络家电的控制指令,通过家庭网络,按照通信协议的格式发送给终端设备,从而实现对已经添加且在线的所有网络家电的控制和操作。

当对网络家电进行控制时,如果网络家电在接收后判断格式错误或者控制终端在规定的时间内没有收到网络家电发送

笔记

的确认信息,则按照通信协议重新发送命令。

3) 网络家电的状态

控制终端支持对网络家电的状态查询,可以通过以下两种方式进行。

(1) 控制终端通过设备注册表和设备描述文件的解析,获得网络家电的查询指令,通过家庭网络,按照通信协议的格式发送给网络家电,网络家电将当前的状态反馈给控制终端,控制终端更新该网络家电的状态信息。

(2) 网络家电状态发生变化后,主动通过家庭网络向控制终端进行汇报,使控制终端获得最新的网络家电状态信息。

4) 故障反馈

控制终端支持网络家电的故障反馈,可以通过以下两种方式进行。

(1) 控制终端支持接收网络家电自动发回的故障信息,将故障信息解析后,根据用户设置,以多种不同的报警方式发送信息,包括发送故障邮件、电话通知等。

(2) 控制终端定期轮询网络家电,检测到相关的故障信息后,根据用户设置,以多种不同的报警方式发送信息,包括发送故障邮件、电话通知等方式。

5) 联动

不同网络家电之间可以支持建立联动,当某一个或几个网络家电达到控制参数的设置限值时,将会触发其他网络家电的某项控制操作。例如,当环境温度传感器查询到当前温度为30℃时,控制终端会自动打开空调电源进行制冷操作。

6) 网络访问级别

(1) 网络家电可以不支持家庭网络访问,只支持用户的本地操作。

(2) 网络家电可以支持家庭网络的访问,并支持用户的本地操作,但不支持家庭外部网络的远程访问。

(3) 网络家电可以支持家庭网络的访问,并支持用户的本地操作,同时支持家庭外部网络的远程访问。

(4) 网络家电根据不同的网络访问级别可以提供不同的网络服务。

1.3.3 智能家居的特点

智能家居的特点

由于新技术不断应用于智能家居领域,同时智能家居覆盖的产品门类比较多,因此关于智能家居的定义也存在比较多的争议,可谓“仁者见仁,智者见智”。无论是哪种定义,智能家居都具有以下特征,如表1-1所示。

笔记

表 1-1　智能家居的特征

特　性	典 型 应 用
安全性	智能安防可以实时监控非法闯入、火灾、煤气泄露等,一旦出现警情,系统会自动向中心发出报警信息,同时启动相关电器进入应急联动状态,从而实现主动防范
便利性	家电的智能控制和远程控制:如对灯光照明的场景设置和远程控制,电器的自动控制和远程控制等。 交互式智能控制:可以通过语音识别技术实现智能家电的声控功能,通过各种主动式传感器(如温度传感器、声音传感器、动作传感器等)实现智能家居的主动性动作响应。 家庭信息服务:管理家庭信息;实现与小区物业管理公司联系便利性。 自动维护功能:智能信息家电可以通过服务器直接从制造商的服务网站上自动下载、更新驱动程序和诊断程序,实现智能化的故障自诊断、新功能自扩展。 家庭理财服务:通过网络完成理财和消费服务。 始终在线的网络服务为在家办公提供了方便,远程保健(医疗)使人们的生活更为健康
舒适性	环境自动控制:如家庭中央空调系统。 现代化的厨卫环境:主要指整体厨房和整体卫浴舒适性。 提供全方位家庭娱乐:如家庭影院系统和家庭中央背景音乐系统

1) 以家庭网络为基础

无论是 20 世纪 60 年代西屋电气公司工程师吉姆·萨瑟兰的家庭自动化系统,还是后来的 X-10、CEBus,以及发展到现在的 ZigBee、Wi-Fi 等,智能家居都是以家庭网络为基础的,借助家庭网络电气设备实现信息互联。家庭网络从形式上来看,有许多种通信介质,如电力线载波、电话线、RS-485/双绞线、红外线、以太网、无线射频等。家庭网络在施工中又在家庭综合布线、家庭宽带安装、数字电视等方面有所体现。

2) 以设备互操作为条件

智能家居系统是将家庭中各种与信息相关的通信设备、家用电器和家庭安保装置,通过家庭网络实现集中的或异地的监视、控制和家庭事务性管理,并保持这些家庭设施与住宅环境协调工作的系统。接入家庭网络的一般设备如果仅是信息的联通则不能完成相应功能,必须让控制终端设备能够相互识别、操作。只有这样,才能真正实现智能家居的预期功能。

目前,大多数设备生产厂商还是封闭的,是无法实现不同设备

笔记

间的互操作的,而一般人员对互操作了解较少,认为选择相同的家庭网络(如 ZigBee)就可以实现互操作。家庭网络只能保证信息的联通,互操作则需要不同的设备厂商对控制指令达成一致,遵守一定的标准。目前不是缺少标准,而是标准太多,标准所提供的方案也比较粗糙,让厂商遵循起来有一定的技术难度。

3) 以提升家居的生活质量为目的

进入 21 世纪,各种新技术大量涌现,在智能家居领域出现了诸多新产品。但是,智能家居发展至今之所以尚未普及,就是因为前期行业过多地注重技术本身,而忽略了新技术提升智能家居的目的——提升家居的生活质量。消费者追求的不是技术,而是一种生活品质的提升。智能家居主要提供家居安全性、便利性、舒适性,并实现环保节能的居住环境。

教学活动:作业

搜索资料,绘制一张智慧家居的结构图。(可将作业写在笔记区或附页上)

1.4 智能家居的发展趋势

智能家居的发展趋势

1.4.1 国内外智能家居的发展趋势

随着科技的发展和人们生活水平的不断提高,智能产品、智能系统将会越来越多地应用到日常生活当中,创新性地开发和制造能够真正为人们生活服务,实用的智能控制系统产品将是整个智能行业的终极目标。同时,在未来,整个行业将有如下发展趋势:更多传感器、执行器的应用,云数据存储;更具人性化的设计;智能的检测和警示系统;高效的安全防范;远程控制和监视;网络一体化;语音识别和对话;多系统的共享与融合;健康、节能和环保等。

2015 年以来,我国更加明确了节能减排、绿色建筑的目标,这就使住宅智能化凸显出了其合理规划、最大限度地节约能源的优势。如果我国大力推广绿色建筑,则仅在铺设智能化系统所需的新设备的生产上就有 2000 亿元到 3000 亿元人民币的新市场,而中国"智能家居"必定会在"智能化住宅"的框架下形成一个新型的产业,这一切必将对未来几十年我国房地产的健康有效发展有深远的影响。

由于智能家居系统还缺乏统一明确的国际标准,许多公司开发出的产品都是基于自己组建的网络和信息交换协议,很多产品是针对特定组网环境开发的,部分核心协议没有对外公布,技术复

笔记

杂,直接导致了使用范围的局限性。另外,缺乏对应的第三方产品,各个设备之间不能兼容,互操作性差,不利于产品的扩充,从而进一步限制了产品的发展。最后,有的系统成本过高,严重影响了产品的普及。因此,设计一个符合国情和规范的集远程控制和本地控制为一体的智能家居控制系统是非常有现实意义且势在必行的。

作为智能家居核心系统的智能家居控制系统,它的设计功能的完善必将推动住宅智能化的发展,而系统功能的集成化、用户使用的简易化和市场价格的平民化是智能家居的发展趋势,最终目的是让用户真正地享受温馨舒适的家庭生活。

1.4.2 智能家居发展的三个阶段和整个行业的发展趋势

1. 三个阶段

(1) 家庭电子化阶段。这个时期主要是面向单个电器,家庭电器之间没有形成网络,也没有太大的联系。

(2) 住宅自动化阶段。这个时期是面向功能的阶段,一部分家庭电器之间形成了简单的网络,主要是为了实现某个特定单一的功能,如单一的自动抄表功能。

(3) 家居智能化阶段。这个时期是面向系统设计的阶段,系统通过家庭分布总线把住宅内各种与信息相关的通信设备、家用电器、报警装置并到网络节点中,进行集中的监控、管理,保持家电与环境的协调,提供生活、工作、学习及娱乐的各种优质服务,营造一种温馨舒适的家庭氛围。

智能家居控制系统提供高效、舒适的家居环境,确保住户的生命财产安全;集中或远程调节家居环境的温度、湿度等,同时检查空气成分,提高空气质量;调节音响、电视等娱乐设施,愉悦心情;合理利用太阳能和周围环境的变化,尽可能地降低能耗,达到合理利用资源的目的;提供现代化的通信和信息服务。

2. 整个行业的发展趋势

1) 更多传感器、执行器的应用及云数据存储

(1) 传感器。气象传感器、室内通风传感器、温度传感器、湿度传感器、光照度传感器、雨水传感器、风速传感器、热度传感器、浸水传感器、压力传感器、位置传感器、速度传感器等,每一个传感器的数据都保存在云服务器上,可随时调取一年、一月、一周、一天24小时的温度、湿度等各种数据。

(2) 执行器。卷帘/百叶窗控制器、灯光控制/调节器、阀门、电子/指纹锁及各类专业应用的机械手,每一个设备的动作都可选择保存在云服务器上,如开锁动作的保存。

笔记

2）更具人性化的设计

（1）人文关怀的体现。通过芯片或身份识别系统识别不同的人，然后环境（如温度、湿度、灯光、音乐等）均随之变化。

（2）环境的人性化调节和管理。例如，主人回家时，浴缸已经自动放水调温，做好了一切准备，传感器检测和跟踪到人的足迹后自动打开照明系统，在人离去后自动关闭照明系统。

3）智能的检测和警示系统

（1）检测和警示来访人员携带的危险物品。

（2）检测和警示家庭设施的故障和非正常状态。

（3）检测和警示外界环境的突然变化。

（4）通过记录和比较，检测和警示主人身体健康的变化。

（5）对危险动作给予友好提醒。

4）高效的安全防范

（1）房屋的安全可以得到足够的保证。当主人需要时，只要按下“休息”或“布防”开关，防盗报警系统便开始工作。

（2）当发生火灾等意外时，消防系统可自动报警，显示最佳营救方案，关闭有危险的电力系统，并根据火势分配供水。

（3）当有外人入侵时，报警系统会自动启动，并按照预先设定的程序执行，如联动110、通知物业等。

5）远程控制和监视

（1）远程控制。任何时候，主人都可直接通过浏览器、PDA或者手机远程控制家里的一切，而且均有状态和执行情况的实时反馈。

（2）监视。通过手机视频、彩信或者浏览器实时监视和查看家里的状况。

6）网络一体化

只要可以通信，就可以控制。智能家居中，网络不仅包括以太网、Wi-Fi、GSM、GPRS、3G、CDMA，还包括各类家居总线（如EIB）等，众多的网络子系统都将组成一体化格局。

7）语音识别和对话

（1）通过语音对来访人员和主人进行身份识别。

（2）识别和执行来自主人的语音命令。

（3）将语音识别应用到门禁系统和安防系统中。

（4）根据预先的设定，系统会将各种有必要的提示、警示信息以语音方式提醒主人并等待主人的回复和动作。

（5）在更多的家居环节中应用语音技术。

8）多系统的共享与融合

网络系统、多媒体系统、空调系统、通信系统、电力系统、管理系统、安防系统、门禁系统、网络家电等的互联、共享、协作和融合。

笔记

9）健康、节能和环保

（1）家居设备和环境的安全问题，如辐射、化工、放射性等指数是否达标，是否带来新的健康问题。

（2）各个系统的运行状态是否节能，是否能够自动根据不同的天气和环境变化，让使用效率最优化。

（3）使用过的设备是否对环境不利，是否能有效地降解，是否符合可持续发展战略的国情等。

教学活动：头脑风暴

搜索资料，谈谈未来的智能家居是什么样的？

1.5 智能生活

Arduino 的硬件原理图、电路图、IDE 软件及核心库文件都是开源的，在开源协议范围内，何为智能生活？

智能生活

顾名思义，智能生活是基于互联网平台打造的一种全新智能化生活方式。以分发云服务为基础，在融合家庭场景功能、挖掘增值服务的指导思想下，采用主流的交建网通信渠道，配合丰富的智能家居终端，构建享受智能家居控制系统带来的新的生活方式，多方位、多角度地呈现家庭生活中更舒适、更方便、更安全和更健康的具体场景，进而共同打造出具备共同智能生活理念的智能社区。

1.5.1 智能生活的具体场景

未来智能生活大致可以分为 8 个具体场景：家庭娱乐、亲情关爱、家庭服务、宠物照看、家居环境、身体健康、家庭安全、能源管理。

1. 家庭娱乐

科技的进步促使人们的生活节奏日益加快。在如此快节奏的生活下，人们的身体和精神极易疲劳，尤其是精神上，当社会给予的约束难以释放时，大多数人会选择虚拟世界，通过游戏释压。但由于技术条件的限制，人们只能通过输入设备传达自己的指令，并不能真正地身临其境。随着虚拟现实等技术的发展，人们可以直接通过身体语言进行游戏，如挥手、跑、跳等。试想，通过虚拟现实技术体验雄鹰翱翔于天际的独特视角，或是置身于球场和 NBA 明星打一场篮球赛，抑或是足不出户体验异域风情。种种这般立体、独特的视角，很难让你再回到平面的游戏中，游戏的方式也从动手、动脑，转变到了全身感官的体验。

笔记

2. 亲情关爱

生活节奏的加快导致年轻人疲于工作，忽略了身边的家庭，甚至是不远千里背井离乡，越来越多的老年人处于“空巢”或“独居”状态，需要有人照料。随着视频通话等技术的发展，这一状况得到了改善，通过电话，父母不仅可以听到我们的声音，还可以看到我们。纵是一言不发，默默通过视频看着我们工作，父母也会得到满足。

3. 家庭服务

电影《I，Robot》中所展现的未来家庭场景，相信大家还记忆犹新，电影中各种各样的机器人为人类提供了全方位服务。随着家用机器人技术的发展，这将不再只是电影，其实现在已经有扫地机器人、电子宠物、刀削面机器人，就连工厂也开始大批使用机器人，机器人已变得越来越智能，越来越灵活。

4. 宠物照看

孤独、寂寞也许是现代社会部分人群的代名词，宠物已不再是消遣之物了，它们更多地扮演了家人的角色，同时也需要我们的关爱。很多时候，我们无法直观地感受它们的喜怒哀乐，但随着智能项圈等设备的出现，根据这些智能设备反馈的数据，我们能直接知道宠物的身体健康情况及它们的情绪变化，再也不怕因为言语不通而忽略了它们的心情，通过智能生活产品，能够量化宠物的饮食，合理安排宠物的饮食，甚至检测其健康状况。

5. 家居环境

雾霾已成为大家广泛关注的事件，虽然我们一时难以改变大环境，但是对自己的家，我们拥有完全的控制权，通过智能生活产品，我们可以改善自己的“一亩三分地”。糟糕的环境严重地影响着我们的身体健康，长时间暴露在有污染的室内环境中，对我们的身体百害而无一利，我们可以依靠智能设备监测室内环境，锁定污染物的来源，有效地改善空气质量。

6. 身体健康

可穿戴设备(图1-6)可以说是智能生活的前哨产品，大多设备都瞄准了个人健康管理，从简单的计步到紫外线检测、心率检测。

图1-6　可穿戴设备

笔记

越来越多的设备还开始向医疗领域发力，如智能血压仪、智能体重仪等。

7. 家庭安全

当你决心来一次说走就走的旅行时，你总会对空无一人的家放心不下。智能设备可以帮助你解决这一问题，它能为你提供基本的防盗措施或预警措施，让你出门在外也能时时掌控家里的状况，通过一系列的探测传感器，在出现问题(如盗窃)时可以第一时间得到消息并及时报警，警方可通过互联网调取远程监控录像，让盗贼无所遁形。完善的家庭安全系统还可以借助你随身携带的设备，提示你外出未锁门或是燃气阀门没有关闭，你也可远程锁门或是关闭燃气阀门，一切都尽在掌控。

8. 能源管理

以上描述的诸多场景都需要云端 24 小时保持在线，或许你会担心这样下来电费是否很高。作为智能生活，在能源控制方面不仅要做到智能，还要做到经济。智能家居系统能够根据情况自动切断待机电器的电源，既不打扰正常生活，又能做到节能。据统计，如果每个家庭都能及时关闭待机电器的电源，则会极大地降低能源损耗。借助能源管理技术，家中的智能空调、智能 LED 灯等智能家居设备将能够统一协调工作。在我们离家时，家里的智能设备可以自动断电，甚至做到在我们从客厅进入卧室这短暂的时间内，客厅的智能设备自动关闭，卧室的灯自动打开。

1.5.2 智能家居热点关注

随着人工智能、物联网、5G 等创新技术的发展，从增量转为存量的地产行业正加速数字技术与地产业务的融合，推动地产数字化转型。在各地精装修政策影响下，地产行业中精装修房的比例不断提升，使得智能家居的应用落地加速，智能家居已然成为楼盘的重要卖点。

然而，当前面对地产项目中智能家居规模化应用的需求时，在方案设计、产品选型、系统集成、项目安装、验收交付等环节仍存在着标准不统一、缺乏规范指导等突出问题，限制着智能家居在地产项目中的后续运维与广泛落地。

为了进一步推进地产数字化转型进程，推动智能家居产品在地产项目中的应用落地。CSHIA 联合智能家居企业与 TOP 级地产企业，共同发起编制《地产项目智能家居工程设计与安装导则》，为智能家居在地产领域的应用、构建标准化的工程应用规范提供标准。

笔记

教学活动：讨论

你还能想出哪些可以改善我们生活的智能设备？

习题

1. smart home 的中文是(　　)。
   A. 智慧城市　　B. 智慧交通
   C. 智能家居　　D. 智能教室
2. 下列哪一个传感器不能用于环境监测？(　　)
   A. 温湿传感器　　B. 水浸传感器
   C. 粉尘探测器　　D. 传感器
3. 什么是智能家居？

4. 智能家居的应用包括哪些特性？

5. 智能家居的发展经历了哪几个阶段？

6. 智能家居的主要技术有哪些？

7. 什么是物联网，物联网分为哪几层？

第2章

系统架构及通用技术要求

笔记

教学目标

知识目标

1. 掌握物联网工程的系统架构。
2. 了解 ZigBee 技术及其特征。
3. 掌握蓝牙技术及其应用。
4. 掌握 Wi-Fi 技术。

能力目标

1. 了解通用系统模型。
2. 了解各种网络拓扑结构。
3. 了解互联网协议(IP)层次结构。
4. 了解 Modbus 与 KNX 协议。

素质目标

1. 传承中华民族勤俭节约的传统美德。
2. 弘扬社会主义核心价值观。

功能架构设计是总体方案设计的一部分，是在前期需求分析的基础上，完成对功能模块的设计，具体来说应当详细说明物联网项目所需要解决的系统功能。功能架构设计是整个物联网工程系统方案的核心，所有的系统功能模块必须征得客户的认可和关键产品供应商的确认。

2.1 系统架构

系统架构

2.1.1 功能架构

物联网工程项目功能架构设计包含三部分具体内容：功能模块设计、物联网三层架构技术设计和拓扑结构设计。

笔记

1）功能模块设计

功能模块设计主要是在前期需求分析的基础上，结合客户的需求进行。不同行业、不同客户的具体需求不同，功能模块设计也不同。下面以智能家居项目为例进行说明。智能家居主要涉及的典型功能模块包括智能照明、智能窗户窗帘、空气质量检测、智能用电、红外智能家电、智能温控、家庭影院、智能门锁、智能防盗、智能安全等。具体涉及的功能模块，需要结合实际项目需求进行相应调整。

2）物联网三层架构技术设计

物联网三层架构分为感知层、网络层、应用层，针对具体某一项功能，需要从三层架构的角度分析如何实现这项功能。

感知层设备主要涉及传感器、摄像头、GPS等。针对感知层设备，主要关注通信接口和供电方式两种特性。通信接口比较典型的有串口、网口和各种无线接口。通信接口非常重要，它对整个网络的拓扑和性能会产生很大的影响，具体采用哪种通信接口需要结合实际项目进行选择。比如，智能家居中的开关面板，跟家庭智慧中心之间的通信接口一般是无线接口，开关面板采用无线接口通常有两类，RF315M/RF433M通信协议和ZigBee通信协议。RF315M/RF433M射频方式目前市面上产品比较多，但该技术较落后，无论是安全性还是稳定性都较差，未来ZigBee也许会是智能家居各节点设备间的主流通信技术。供电方式采用有源还是无源方式跟实际网络环境和客户需求密切相关。

网络层设备主要包括传统的路由器、交换机以及某些行业相关设备，比如家庭智慧中心等。网络层主要关注有线方式还是无线方式，以及如果采用无线方式应当采用何种无线方式。通常而言，有线通信能提供高水平的可靠性和安全性，但有线方式的缺点也非常突出，布线繁杂、工作量大、成本高、维护困难、不易组网。因而无论是从安装调试还是从后期维护角度考虑，目前在大多数智能家居应用中，都会选择无线组网方式。一旦决定选择无线标准，就需要选择最合适的无线技术。目前，主要从下面几种无线方案中进行选择：Wi-Fi、ZigBee、红外、蓝牙和蓝牙mesh。

应用层主要考虑已经完成系统集成和系统开发的情景，例如针对一些工程项目，重点关注后台设备配置，如服务器的存储容量、网络带宽等，这都需要根据实际项目通过配置计算得到。如智能家居项目中，存储容量主要考虑摄像头视频存储的容量，一般考虑能够保持1个星期的数据量即可。目前宽带网络的带宽及网速足以支持智能家居网络需求。

3）拓扑结构设计

网络拓扑结构一般有总线型、星状、环状、树状等。在网络选

笔记

择上应根据应用系统的地域分布信息流量进行综合考虑。一般来说,应尽量使信息流量大的应用放在同一网段上。拓扑结构设计需要从网络结构的角度描述功能模块如何实现。在实际项目中,需要为每一个功能模块绘制对应的网络拓扑。

2.1.2 通用系统模型

通用系统模型

参考通用系统结构通常分为三个层次,即展示层、业务逻辑层和数据层。

1) 展示层

作为应用程序的最高级别,展示层呈现一些有关浏览、购买商品以及购物车的信息。通过和其他层进行通信,将结果发布到浏览器客户端和网络中的其他层。简言之,用户可以直接访问展示层(例如网页或操作系统图形用户界面)。

2) 业务逻辑层

业务逻辑层的主要功能是执行详细的处理来控制应用程序。

3) 数据层

数据层包括数据持久性机制(数据服务器、文件共享等)以及封装持久性机制并公开数据访问层。数据访问层提供 API 到应用程序层,该应用程序层在没有暴露或创建对数据存储机制的依赖性的前提之下公开了管理已经存储的数据的方法。避免依赖于存储机制,可以有效保证应用程序层客户端在不被影响的前提下进行更改或更新。然而,更好的可伸缩性和可维护性需要牺牲实现成本和性能成本。

2.1.3 网络拓扑结构

网络拓扑结构

网络拓扑一般指通信网络中,链路、节点等元素的布置方式,可以通过物理方式或逻辑方式对其进行描述。物理拓扑一般描述网络中各个组件(例如设备、电缆等)的放置和安装;逻辑拓扑一般描述信息和数据如何在给定网络中流转。值得注意的是,网络拓扑结构也是开放系统互联模型中物理层关注的部分。网络拓扑设计有很多示例,通过图形化的方式映射这些连接,可得到用于描述网络物理拓扑结构的几何形状。常见的物理拓扑几何结构包括环状结构、总线型结构、网状结构、星状结构等。

在部分连接的网格拓扑中,如果提供路径之一的链路发生故障,则至少有两个节点之间具有两个或更多路径,以提供冗余路径。网状网络中任意分支的数量使它们的设计和实现更加困难,但是其优点在于其分散性。2012 年,电气和电子工程师协会

(IEEE)发布了最短路径桥接协议(IEEE 802.11aq)以简化配置任务并允许所有路径处于活动状态，从而增加了所有设备之间的带宽和冗余。

笔记

2.1.4　互联网协议(IP)层次结构

互联网协议层次结构

互联网协议解决了跨域数据报中继问题，使互联网成为可能。互联网协议的目的是根据数据报头中的IP地址将数据包从源主机传输到目标主机。互联网协议定义了封装数据的数据包结构以及寻址方法，该方法也用于标记数据报头。互联网协议的第一个版本是IPv4，是目前互联网的主要协议。它的后继产品是IPv6，该版本的互联网协议旨在解决IPv4地址空间不足的问题，且自发布以来一直在增加公共互联网上的部署。

互联网协议主要由IEEE 802.11组织制订。该协议分为五个层次，即应用层、传输层、网络层、数据链路层和物理层。在互联网协议中，每个数据报有两个组件：报头和有效负载。数据报报头包括源IP地址、目的IP地址以及其他元数据所需的路由和传送的数据报。有效负载是要传输的数据。以这种方式，将数据载荷嵌套在带有数据报头的数据包中的方法即为封装。

互联网协议主要遵循端到端原则，即网络只负责为终端提供连接，任何一种智能设备都应该位于终端，且链路和节点的可用性是动态的。

案例导入

清晨，上海静安区某居民小张一边伸着懒腰，一边对着梳妆台上的智能音箱说：“天猫精灵，早上好！”

“今天的天气晴得和主人的颜值一样出色。”智能音箱的回复让小张“扑哧”笑了。

“我要喝45度的水。”“打开除氯模式。”小张向智能音箱发出指令，音箱遥控智能恒温热水壶准备了一杯温开水。

智能音箱给小张的生活带来了不少便利：没买智能音箱之前，早上想听歌或新闻，还要自己打开手机应用软件去挑选。现在只需要说一下指令，音箱就会自动播放我喜欢的内容。上班离家时喊一声“关闭”，音响就关了，如果忘了还能在上班路上用手机远程控制。

目前，电视、空调、加湿器、电动窗帘、扫地机器人等越来越多的设备可以和智能音箱相连。小张说：“我正考虑把家电逐步都换成智能设备，这样就可以按场景发出指令，比如跟智能音箱说‘我起床了’，就会自动拉开窗帘、播放天气预报和新闻、烧热水等。”

在物联网时代，智能家居的发展可以概括为四个阶段：①单个

笔记

设备的智能；②多设备联动的协同智能；③设备智能感知、自主操作的决策智能；④跨平台的数据服务打通的高度主动智能。总的来看,目前我国智能家居行业的发展距离主动智能还有很大的差距。

智能家居的通信技术负责智能家居间的通信与交互,也就是把智能家居的各类硬件通过网络连接起来,形成一个联通的网络系统。通过这个网络,可以实现智能家居系统中各类信息的传输,进而根据智能家居的应用要求,实现对智能家居的控制。智能家居涉及的各类通信及组网技术主要分为有线和无线两种方式。这两类技术各有优缺点,可以互相补充。目前无线通信及组网协议种类较多,且由于智能家居的标准未定,各类新的协议也在不断出现,各种协议并存使用的现象预计会长期存在。

贝壳家居的调查数据显示,我国多数消费者对智能家居的认知还不多,其中54.2%的用户停留在不了解或仅掌握某个智能单品使用方法的层面。因此,虽然智能家居在我国的发展速度非常快,单个智能设备在房产领域的使用率也较高,但整体智能家居普及度仍不高。

业内专家表示,现在市场上的智能家居产品技术水平和质量安全水平参差不齐,一些所谓的智能家居产品并没有实现真正意义上的智能,设备之间还不能形成一个场景的技术应用闭环,很多单一的产品在一个场景内的应用,需要用户频繁操作多个步骤和环节,看似科技感十足,其实并不便捷。

中国家居质量研究院秘书长关培营认为,智能家居要在技术上实现创新。目前,全面掌握智能系统研发、整屋安装与售后维修技能的技术人员还比较稀缺,应加强对专业技术人才的培养力度与广度,推动整个智能家居行业的发展。

教学活动：讨论

搜索2022年北京冬奥会各场馆节能系统的资料,搭建其系统结构。

2.2 通用协议技术要求

通信协议是多个设备之间传输信息的系统规则。大多数情况下,通信系统可以通过多种媒介传输信息。通信协议规定规则、语法、语义、通信同步以及错误检测与恢复等内容。一般意义上,通信协议可以由软件和硬件分别实现,也可以由二者结合实现。多个协议通常描述单个通信的不同方面。一组设计为可以一起工作

笔记

的协议称为协议套件。当用多个软件实现时，该组协议称为协议栈。

通过网络获取数据只是协议问题的一部分。接收到的数据必须在对话过程的上下文中进行评估，因此协议必须包括描述上下文的规则，这些规则表达了通信的语法和语义。在现代协议设计中，将协议分层以形成协议栈。分层是一种设计原则，它将协议设计任务划分为较小的步骤，每个步骤完成一个特定的部分，仅以少量明确定义的方式与协议的其他部分进行交互。分层使协议的各个部分得以设计和测试，从而简化设计步骤。

2.2.1　Modbus 协议

Modbus 协议

Modbus 协议是应用于电子控制器上的一种通用语言。通过此协议，控制器相互之间、控制器经由网络（如以太网）和其他设备之间可以通信。Modbus 协议已经成为通用的工业标准。有了 Modbus 协议，不同厂商生产的控制设备可以连成工业网络，进行集中监控。

Modbus 协议使用主-从技术，即仅一个设备（主设备）能初始化传输（查询），其他设备（从设备）根据主设备查询提供的数据做出反应。典型的主设备是主机和可编程仪表，典型的从设备是可编程控制器。查询-回应周期如图 2-1 所示。

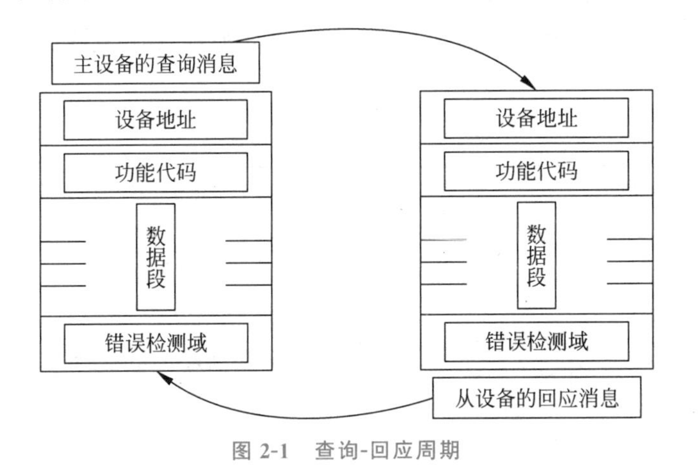

图 2-1　查询-回应周期

1. 查询

查询消息中的功能代码告之被选中的从设备要执行何种功能。

数据段包含了从设备要执行功能的任何附加信息。例如，功能代码“03”是要求从设备读保持寄存器并返回它们的内容。数据段必须包含要告之从设备的信息：从设备寄存器开始读及要读的寄存器数量。

笔记

错误检测域为从设备提供了一种验证消息内容是否正确的方法。

2. 回应

如果从设备产生一个正常回应,则在回应消息中的功能代码是在查询消息中的功能代码的回应。数据段包含了从设备收集的数据,如寄存器值或状态等。如果有错误发生,功能代码就会被修改,以用于指出回应消息是错误的,同时数据段包含了描述此错误信息的代码。错误检测域允许主设备确认消息内容是否可用。

2.2.2 KNX 协议

KNX 协议

1999 年 5 月,欧洲三大总线协议 EIB、BatiBus 和 EHSA 合并成立了 Konnex 协会,提出了 KNX 协议。KNX 协议于 2003 年被批准为欧洲标准,2005 年被批准为美国标准,2007 年被批准为中国标准。KNX 协议功能丰富,适用于住宅建筑、功能性建筑和工业建筑,是目前智能家居行业主流的标准之一。KNX 协议的技术特点如下。

1. 通信介质多

KNX 协议支持多种通信介质,包括双绞线、电力线和无线等。在具体的工程应用中使用四种介质,即 1 类双绞线(TP1)、电力线、射频(RF)、IP,均可以部署 KNX。借助合适的网关,也可以在其他介质(如光纤)上传输 KNX 报文。各种介质的应用领域如表 2-1 所示。

表 2-1　各种介质的应用领域

介　质	传输方式	首选应用领域
1 类双绞线	分离式控制	新设施及开展改造(传输可靠性高)
电力线	现有网络	无须额外铺设控制电缆且可以使用 230V 电源电缆的场所
射频(RF)	无线(中间频率为 868.30MHz)	无法或不想铺设电缆的场所
IP	以太网	大型设施

2. 总线功能强

KNX 的传输介质主要是双绞线,比特率为 9600bit/s。总线由 KNX 电源(DC 24V)供电,数据传输和总线设备电源共用一条电缆,数据报文调制在直流电源上。KNX/EIB 是一个基于事件控制的分布式总线系统。该系统采用串行数据通信进行控制、监测和状态报告。一个报文中的单个数据是异步传输的,但整个报文作为一个整体是通过增加起始位和停止位同步传输的。KNX/EIB 采用 CSMA/CA(避免碰撞的载波侦听多路访问协议),保证对总

线的访问在不降低传输速率的同时不发生碰撞。

3. 系统配置模式可选

KNX系统有多种配置模式,允许每个制造商根据市场选择目标市场部分和应用的适当组合。

1) S-Mode(系统模式)

该配置机制的目的是为经过良好培训的KNX安装者实现复杂的楼宇控制功能。一个由S-Mode组件组成的装置可以由通常的软件工具(ETS专业版)在由S-Mode产品制造商提供的产品数据库的基础上进行设计。ETS也可以用于连接和设置产品,即设置安装和下载要求的可用参数。S-Mode让楼宇控制变得更加灵活。

2) E-Mode(简单模式)

该配置机制主要针对经过基本KNX培训的安装人员。与S-Mode相比,E-Mode兼容产品只提供有限的功能。E-Mode组件已经预先编程好并且已经载入默认参数。使用简单配置,可以重新配置各个组件(主要是其参数设置和通信连接)。

2.2.3 ZigBee 协议

ZigBee技术及其特征

1. ZigBee的特点

ZigBee译为“紫蜂”,它与蓝牙类似,是一种新兴的短距离无线通信技术,用于传感控制,由IEEE 802.15工作组提出,并由其TG4工作组制定规范。2001年8月,ZigBee Alliance成立。2004年,ZigBee V1.0诞生,它是ZigBee规范的第一个版本;由于推出仓促,存在一些错误。2006年,推出ZigBee 2006,该版本比较完善。2007年底,ZigBee PRO推出。2009年3月,ZigBee RF4CE推出,它具备更强的灵活性和远程控制能力。2009年开始,ZigBee采用了IETF的IPv6/6LoWPAN标准作为新一代智能电网Smart Energy Profile 2.0(SEP 2.0)的标准,致力于形成全球统一的易于与互联网集成的网络,实现端到端的网络通信。随着美国及全球智能电网的建设,ZigBee将逐渐被IPv6/6LoWPAN标准所取代。

ZigBee的底层技术基于IEEE 802.15.4,其物理层和媒体访问控制层直接使用了IEEE 802.15.4的定义。

2. ZigBee的开放参考模型

ZigBee是由ZigBee Alliance(ZigBee联盟)制定的无线网络协议,是一种近距离、低功耗、低数据速率、低复杂度、低成本的双向无线接入技术,主要适用于自动控制和远程监控领域。ZigBee联盟在制定ZigBee标准时,采用了IEEE 802.15.4协议作为其物理层和媒体接入层规范。在其基础之上,ZigBee联盟制定了网络层

笔记

(NWK)和应用编程接口(APD 规范),并负责高层应用、测试和市场推广等方面的工作。ZigBee 的开放参考模型如表 2-2 所示。

表 2-2 ZigBee 的开放参考模型

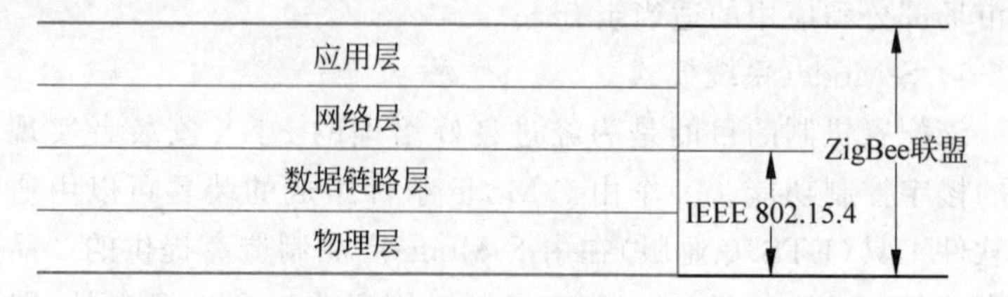

下面介绍物理层、数据链路层和网络层。

1) 物理层

IEEE 802.15.4 定义了两个物理层标准,分别是 2.4GHz 物理层和 868/915MHz 物理层。两个物理层都基于 DSSS(direct sequence spread spectrum,直接序列扩频)技术,使用相同的物理层数据包格式,但工作频率、调制技术、扩频码片长度和传输速率不同。2.4GHz 波段为全球统一的无须申请的 ISM 频段,划分成 16 个信道,采用 16 进制正交调制,用码片长度为 8 的伪随机码直接扩频技术,能够提供 250Kbit/s 的传输速率。868MHz 频段是欧洲的 ISM 频段,有 1 个信道,数据传输速率为 20Kbit/s。915MHz 频段是美国的 ISM 频段,划分为 10 个信道,数据传输速率为 40Kbit/s。868MHz 和 915MHz 频段均采用了差分编码的二进制移相键控(BPSK)调制,用码片长度为 15 的 M 序列直接扩频。这两个频段的引入避免了 2.4GHz 附近各种无线通信设备的相互干扰。物理层的主要功能有数据调制、射频收发器的激活和休眠、信道能量检测、信道接收数据包的链路质量指示、空闲信道评估、数据收发等。ZigBee 的信道如表 2-3 所示。

表 2-3 ZigBee 的信道

国别	频率/Hz	传输速率/Kbit/s	信道
美国	915M	40	信道1~10 2MHz 902MHz 928MHz
欧洲	868M	20	信道0 868.3MHz
全球统一	2.4G	250	信道11~26 5MHz 2.4GHz 2.4835GHz

笔记

2）数据链路层

数据链路层负责数据成帧、帧检测、介质访问和差错控制等。IEEE 802系列标准把数据链路层分为媒质接入子层MAC和逻辑链路控制子层LLC。MAC子层依赖物理层提供的服务实现设备之间无线链路的建立与拆除、数据帧传输等；LLC子层在MAC子层的基础上，为设备提供连接服务，由IEEE 802.6定义，为IEEE 802系列标准所公用。链路层通过两个服务访问点（SAP）访问高层，通用部分SAP（MCPS-SAP）访问数据服务，管理实体SAP（MLME-SAP）访问管理服务。ZigBee/IEEE 802.15.4网络的所有节点都在同一个信道上工作，当邻近的节点同时发送数据时就有可能发生数据冲突。为此，MAC层采用了载波侦听/冲突检测（CSMA/CA）技术来避免数据发生冲突。简单来说，就是在节点发送数据之前先监听信道，如果信道空闲则可以发送数据，否则就要进行随机的退避，即延迟一段随机时间，然后再进行监听，通过这种信道接入技术，所有节点竞争、共享同一个信道。IEEE 802.15.4的MAC层定义了四种基本帧结构。

（1）信标帧：供协商者使用。

（2）数据帧：承载所有的数据。

（3）响应帧：确认帧的顺利传送。

（4）MAC命令帧：用来处理MAC对等实体之间的控制传送。

MAC子层功能具体包括协调器产生并发送信标帧、普通设备根据协调器的信标帧与协调器同步、支持网络的关联和取消关联、支持无线信道的通信安全、使用CSMACA机制、支持保护时隙（GTS）机制、支持不同设备的MAC层之间的可靠传输。LLC子层功能包括传输可靠性的保障和控制、数据包的分段与重组、数据包的顺序传输。

3）网络层

ZigBee网络层主要包含以下功能：动态网络拓扑结构的建立和维护，以及网络寻址、路由选择、邻居发现和网络安全等。当网络采用网状结构时，网络具有自组织、自维护功能。

（1）网络节点。ZigBee网络定义了三种节点类型：协调器、路由器和终端设备。协调器和路由器必须是全功能器件（full function device，FFD）。终端设备可以是全功能器件，也可以是简约器件（reduce function device，RFD）。一个ZigBee网络只允许有一个协调器，也称为ZigBee协调点。协调点是一个特殊的FFD，它具有较强的功能，是整个网络的主要控制者，它根据网络的最大深度、每个路由器能最多连接子设备的数目、每个路由器能最多连接子路由器的数目等参数建立新的网络，发送网络信标、管理网络

笔记

中的节点及存储网络信息等。RFD的应用相对简单,如在传感器网络中,它们只负责将采集的数据信息发送给它的协调点,不具备数据转发、路由发现和路由维护等功能。RFD占用资源少,需要的存储容量也小,在不发射和接收数据时处于休眠状态,因此成本低、功耗低。FFD除具有RFD功能外,还具有路由功能,可以实现路由发现、路由选择,并转发数据分组。

一个FFD可以和另一个FFD或RFD通信,而RFD只能和FFD通信,RFD之间是无法通信的。一旦网络启动,新的路由器和终端设备就可以通过路由发现、设备发现等功能加入网络。当路由器或终端设备加入ZigBee网络时,设备间的父子关系(或从属关系)即形成,新加入的设备为子,允许加入的设备为父。ZigBee中,每个协调点最多可连接255个节点,一个ZigBee网络最多可容纳65535个节点。

(2) 网络拓扑。ZigBee网络的拓扑结构主要有三种:星状网、网状网和混合网。

星状网是由一个协调点和一个或多个终端节点组成的。协调点必须是FFD,它负责发起建立和管理整个网络,其他节点(终端节点)一般为RFD,分布在协调点的覆盖范围内,直接与协调点进行通信。星状网的控制和同步都比较简单,通常用于节点数量较少的场合。

网状网一般是由若干个FFD连接在一起形成的,FFD之间是完全的对等通信,每个节点都可以与它的无线通信范围内的其他节点通信。在网状网中,一般将发起建立网络的FFD节点作为协调点。网状网是一种高可靠性网络,具有自恢复能力,它可为传输的数据包提供多条路径,一旦一条路径出现故障,则存在另一条或多条路径可供选择。

(3) 网络路由。ZigBee网络层的路由功能主要是为网络连接提供路由发现、路由选择、路由维护功能,路由算法是它的核心。目前,ZigBee网络层主要支持两种路由算法:树路由和网状网路由。

树路由采用一种特殊的算法,具体可以参考ZigBee的协议栈规范。它把整个网络看作是以协调器为根的一棵树,整个网络由协调器建立,而协调器的子节点可以是路由器也可以是末端节点,路由器的子节点可以是路由器也可以末端节点,末端节点相当于树的叶子,没有子节点。树路由利用了一种特殊的地址分配算法,使用四个参数(深度、最大深度、最大子节点数和最大子路由器数)来计算新节点的地址,寻址的时候根据地址计算路径。树路由只有两个方向,即向子节点发送或者向父节点发送。树路由不需要路由表,能节省存储资源,但缺点是很不灵活,浪费了大量的地址空间,并

笔记

且路由效率低。

网状网路由实际上是 Ad-Hoc 按需路由算法的一个简化版本，是一种基于距离矢量的按需路由算法，非常适合于低成本的无线自组织网络的路由。它可以用于较大规模的网络，需要路由表，会耗费一定的存储资源，但往往能达到最优的路由效率，而且使用灵活。

3. ZigBee 的技术特征

工业无线网络的数据链路层协议需要充分考虑极端的工业无线通信环境、多样化信息的实时通信、休眠等节能机制，满足更为严格的可靠性、实时性和节能性要求。以下是 ZigBee 几个典型的网络性能。

1）可靠

采用了碰撞避免机制，同时为需要固定带宽的通信业务预留了专用时隙，避免了发送数据时的竞争和冲突。MAC 层采用了完全确认的数据传输机制，每个发送的数据包都必须等待接收方的确认信息。

2）成本低

ZigBee 协议免专利费；ZigBee 网络距离短、功耗低，可以降低网络的成本。

3）网络时延短

网络时延是指终端节点发出请求到其接收到回答信息所需要的时间。ZigBee 网络针对工业通信对时延敏感的应用做了优化，通信时延和从休眠状态激活的时延都非常短。设备搜索时延典型值为 30ms，休眠激活时延典型值为 15ms，活动设备信道接入时延为 15ms。

4）网络容量大

一个 ZigBee 网络最多可以容纳 254 个从设备和一个主设备，一个区域内可以同时存在 100 个 ZigBee 网络。

5）安全

ZigBee 网络，特别是网状网规模庞大，节点数目多，网络拓扑结构变化快，因此其在安全性能上面临着更大的挑战。ZigBee 联盟在网络安全方面提供了数据完整性检查和鉴权功能，加密算法采用 AES-128，各个网络应用可以灵活确定其安全属性。

2.2.4 蓝牙

蓝牙

1. 概述

蓝牙协议规范遵循开放系统互联参考模型（OSI/RM），从低到高地定义了蓝牙协议堆栈的各个层次。

笔记

蓝牙技术联盟(SIG)所定义的蓝牙技术规范的目的是使符合该规范的各种应用之间能够实现互操作。互操作的远端设备需要使用相同的协议栈,不同的应用需要不同的协议栈。但是,所有应用都要使用蓝牙技术规范中的数据链路层和物理层。

2. 完整的蓝牙协议栈

完整的蓝牙协议栈如图 2-2 所示,不是任何应用都必须使用全部协议,而是可以只使用其中的一列或多列。图 2-2 显示了所有协议之间的相互关系,这种关系在某些应用中是有变化的。

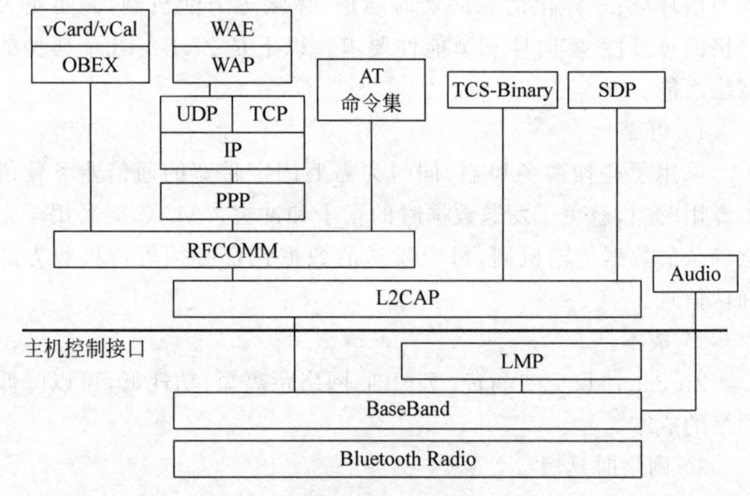

图 2-2　蓝牙协议栈

蓝牙协议体系中的协议按 SIG 的关注程度分为以下四层。

(1) 核心协议:BaseBand、LMP、L2CAP、SDP。

(2) 电缆替代协议:RFCOMM。

(3) 电话传送控制协议:TCS-Binary、AT 命令集。

(4) 选用协议:PPP、UDP/TCP/IP、OBEX、WAP 、vCard、vCal、IrMC、WAE。

除上述协议层外,规范还定义了主机控制器接口(HCI),它为基带控制器、连接管理器、硬件状态和控制寄存器提供命令接口。HCI 可以位于 L2CAP 的下层,也可以位于 L2CAP 上层。蓝牙核心协议由 SIG 制定的蓝牙专用协议组成。绝大部分蓝牙设备都需要核心协议(加上无线部分),而其他协议则根据应用的需要而定。总之,电缆替代协议、电话控制协议和被采用的协议在核心协议基础上构成了面向应用的协议。

1) 蓝牙核心协议介绍

(1) 基带协议。基带和链路控制层确保微微网内各蓝牙设备单元之间由射频构成的物理连接。蓝牙的射频系统是一个跳频系统,其任一分组在指定时隙、指定频率上发送。它使用查询和分页

笔记

进程同步不同设备间的发送频率和时钟，为基带数据分组提供了两种物理连接方式，即面向连接（SCO）和无连接（ACL），而且在同一射频上可实现多路数据传送。ACL 适用于数据分组，SCO 适用于话音以及话音与数据的组合，所有的话音和数据分组都附有不同级别的前向纠错（FEC）或循环冗余校验（CRC），而且可进行加密。此外，对于不同数据类型（包括连接管理信息和控制信息）都分配一个特殊通道。

可使用各种用户模式在蓝牙设备间传送话音，面向连接的话音分组只需经过基带传输，而不到达 L2CAP。话音模式在蓝牙系统内相对简单，只需开通话音连接就可传送话音。

(2) 连接管理协议（LMP）。该协议负责各蓝牙设备间连接的建立。它通过连接的发起、交换、核实，进行身份认证和加密，通过协商确定基带数据分组大小。它还控制无线设备的电源模式和工作周期，以及微微网内设备单元的连接状态。

(3) 逻辑链路控制和适配协议（L2CAP）。该协议是基带的上层协议，可以认为它与 LMP 并行工作，它们的区别在于，当业务数据不经过 LMP 时，L2CAP 为上层提供服务。L2CAP 向上层提供面向连接的和无连接的数据服务，它采用了多路技术、分割和重组技术、群提取技术。L2CAP 允许高层协议以 64KB 长度收发数据分组。虽然基带协议提供了 SCO 和 ACL 两种连接类型，但 L2CAP 只支持 ACL。

(4) 服务发现协议（SDP）。发现服务在蓝牙技术框架中起着至关紧要的作用，它是所有用户模式的基础。使用 SDP 可以查询到设备信息和服务类型，从而在蓝牙设备间建立相应的连接。

2) 电缆替代协议（RFCOMM）

RFCOMM 是基于 ETSI-07.10 规范的串行线仿真协议。它在蓝牙基带协议上仿真 RS-232 控制和数据信号，为使用串行线传送机制的上层协议（如 OBEX）提供服务。

3) 电话控制协议

(1) 二元电话控制协议（TCS-Binary 或 TCSBIN）。该协议是面向比特的协议，它定义了蓝牙设备间建立语音和数据呼叫的控制信令，定义了处理蓝牙 TCS 设备群的移动管理进程。基于 ITU TQ.931 建议的 TCS-Binary 被指定为蓝牙的二元电话控制协议规范。

(2) AT 命令集电话控制协议。SIG 定义了控制多用户模式下移动电话和调制解调器的 AT 命令集，该 AT 命令集基于 ITU TV.250 建议和 GSMO7.07，它还可以用于传真业务。

4) 选用协议

(1) 点对点协议（PPP）。在蓝牙技术中，PPP 位于 RFCOM

笔记

上层,完成点对点的连接。

(2) TCP/UDP/IP。该协议由互联网工程任务组制定,被广泛应用于互联网通信。在蓝牙设备中,使用这些协议是为了与互联网相连接的设备进行通信。

(3) 对象交换协议(OBEX)。IrOBEX(简写为 OBEX)是由红外数据协会(IrDA)制定的会话层协议,它采用简单的和自发的方式交换目标。OBEX 是一种类似于 HTTP 的协议,它假设传输层是可靠的,采用客户端/服务器模式,独立于传输机制和传输应用程序接口(API)。电子名片交换格(vCard)、电子日历及日程交换格式(vCal)都是开放性规范,它们都没有定义传输机制,而只是定义了数据传输格式。SIG 采用 vCard/vCal 规范,是为了进一步促进个人信息交换。

(4) 无线应用协议(WAP)。该协议是由无线应用协议论坛制定的,它融合了各种广域无线网络技术,其目的是将互联网内容和电话传送的业务传送到数字蜂窝电话和其他无线终端上。

3. 用户模式及协议栈

1) 文件传输模式

文件传输模式提供两终端间的数据通信功能,可传输后缀为.xls、.ppt、.wav、.jpg 和.doc 的文件(但并不限于这几种),以及完整的文件夹、目录或多媒体数据流等,提供远端文件夹浏览功能。文件传输协议栈如图 2-3 所示。

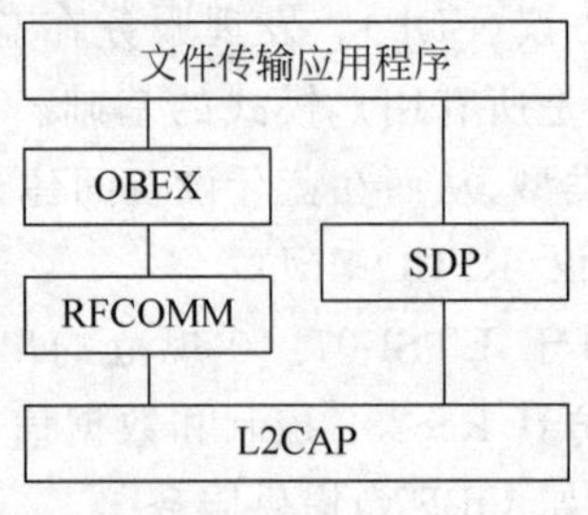

图 2-3 文件传输协议栈

2) 因特网网桥模式

这种用户模式可通过手机或无线调制解调器向 PC 提供拨号入网和收发传真的功能,而不必与 PC 有物理上的连接,拨号上网需要两列协议栈(不包括 SDP),如图 2-4 所示。AT 命令集用来控制移动电话或调制解调器以及传送其他业务数据的协议栈。传真采用类似协议栈,但不使用 PPP 及基于 PPP 的其他网络协议,而由应用软件利用 RFCOMM 直接发送。

3) 局域网访问模式

该用户模式下,多功能数据终端(DTs)经局域网访问点(LAP)无线接入局域网,然后,DTs 的操作与通过拨号方式接入局域网的

笔记

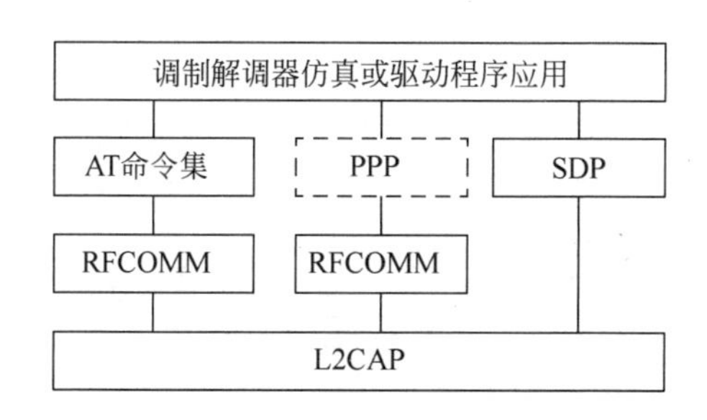

图 2-4　拨号网络协议栈

设备的操作一样，其协议栈如图 2-5 所示。

4）同步模式

同步用户模式提供设备到设备的个人资料管理(PIM)的同步更新功能，其典型应用如电话簿、日历、通知和记录等。它要求PC、蜂窝电话和个人数字助理(PDA)在传输和处理名片、日历及任务通知时，使用通用的协议和格式。其协议栈如图 2-6 所示，其中同步应用模块代表红外移动通信(IrMC)客户端或服务器。

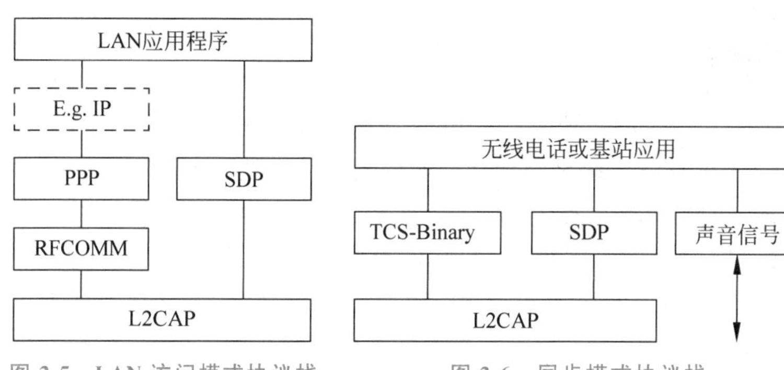

图 2-5　LAN 访问模式协议栈　　　图 2-6　同步模式协议栈

5）一机三用电话模式

手持电话机有三种使用方法：①接入公用电话网，作为普通电话使用；②作为不计费的内部电话使用；③作为蜂窝移动电话使用。

无线电话和内部电话使用相同的协议栈；语音数据流直接与基带协议接口，不经过 L2CAP 层，如图 2-7 所示。

6）头戴式设备模式

使用该模式，用户打电话时可自由移动。通过无线连接，头戴式设备通常作为蜂窝电话、无线电话或 PC 的音频输入/输出设备。头戴式设备协议栈如图 2-8 所示，语音数据流不经过 L2CAP 层而直接接入基带协议层，头戴式设备必须能收发并处理 AT 命令。

笔记

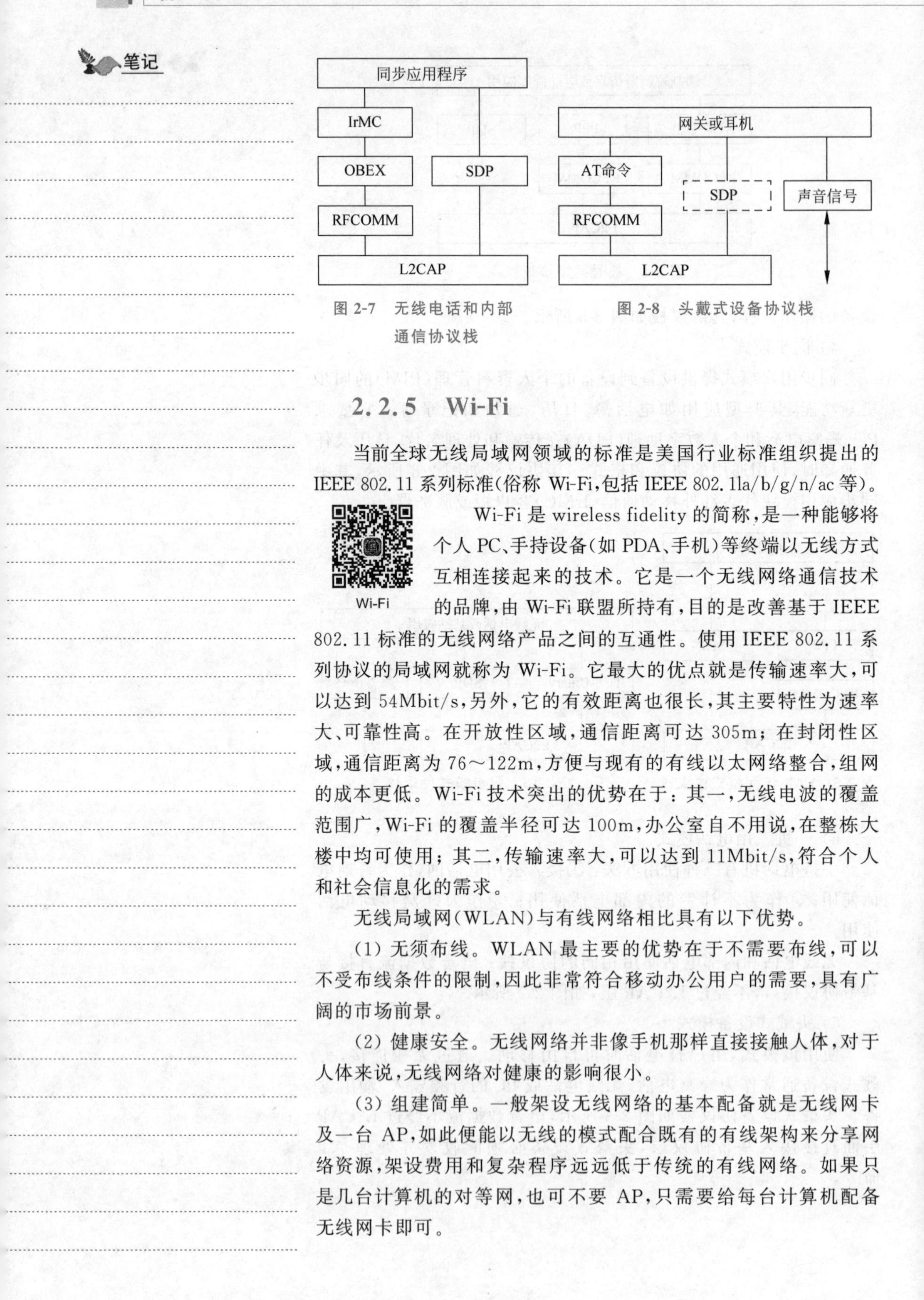

图 2-7 无线电话和内部通信协议栈

图 2-8 头戴式设备协议栈

2.2.5 Wi-Fi

当前全球无线局域网领域的标准是美国行业标准组织提出的 IEEE 802.11 系列标准(俗称 Wi-Fi,包括 IEEE 802.11a/b/g/n/ac 等)。

Wi-Fi 是 wireless fidelity 的简称,是一种能够将个人 PC、手持设备(如 PDA、手机)等终端以无线方式互相连接起来的技术。它是一个无线网络通信技术的品牌,由 Wi-Fi 联盟所持有,目的是改善基于 IEEE 802.11 标准的无线网络产品之间的互通性。使用 IEEE 802.11 系列协议的局域网就称为 Wi-Fi。它最大的优点就是传输速率大,可以达到 54Mbit/s,另外,它的有效距离也很长,其主要特性为速率大、可靠性高。在开放性区域,通信距离可达 305m;在封闭性区域,通信距离为 76~122m,方便与现有的有线以太网络整合,组网的成本更低。Wi-Fi 技术突出的优势在于:其一,无线电波的覆盖范围广,Wi-Fi 的覆盖半径可达 100m,办公室自不用说,在整栋大楼中均可使用;其二,传输速率大,可以达到 11Mbit/s,符合个人和社会信息化的需求。

无线局域网(WLAN)与有线网络相比具有以下优势。

(1) 无须布线。WLAN 最主要的优势在于不需要布线,可以不受布线条件的限制,因此非常符合移动办公用户的需要,具有广阔的市场前景。

(2) 健康安全。无线网络并非像手机那样直接接触人体,对于人体来说,无线网络对健康的影响很小。

(3) 组建简单。一般架设无线网络的基本配备就是无线网卡及一台 AP,如此便能以无线的模式配合既有的有线架构来分享网络资源,架设费用和复杂程序远远低于传统的有线网络。如果只是几台计算机的对等网,也可不要 AP,只需要给每台计算机配备无线网卡即可。

笔记

AP 为 access point 的简称，一般翻译为“无线访问节点”或“桥接器”。它主要在媒体存取控制层 MAC 中扮演无线工作站与有线局域网络之间的桥梁。有了 AP，无线工作站就可以快速且轻易地与网络相连。

2.2.6　常用协议的优缺点

日常工作中的常用协议有 Wi-Fi、红外、ZigBee、蓝牙等，它们的优缺点如表 2-4 所示。

表 2-4　常用协议的优缺点

协　议	优　　点	缺　　点
Wi-Fi	1. 直接入网、无须额外网关。 2. 数据传输量大	1. 功耗大 2. 受网络环境影响大
红外	低成本地将传统家电智能化	1. 有空间局限性。 2. 没有设备反馈
ZigBee	1. 功耗极低、连接稳定。 2. 延迟低、断网状态仍可联动	价格稍高且需要专门 ZigBee 网关
蓝牙	1. 手机蓝牙直接控制。 2. 设备互相组网	1. 延迟高。 2. 容易离线

教学活动：讨论

对比几种协议的优缺点，谈谈你会选择哪种协议的智能家居。

习题

1. 通用系统结构中应用程序的最高级别层是(　　)。

   A. 展示层　　　　B. 业务逻辑层

   C. 数据层　　　　D. 应用层

2. 物联网工程项目功能架构设计包含几部分？

3. 常见的物理拓扑几何结构包括哪几种？

笔记

4. ZigBee 网络的拓扑结构有哪三种?

5. 简述蓝牙技术的主要特点。

6. 简述 ZigBee 技术的主要特点。

7. 对比几种技术的优缺点,谈谈你的看法。

第3章

系统控制

笔记

教学目标

知识目标

1. 掌握系统集成的概念。
2. 掌握智能家居系统的构成。
3. 掌握语音控制的概念。
4. 掌握智慧社区概念及特征。

能力目标

1. 了解系统集成的特点。
2. 了解智能家居的发展历程。
3. 了解智能家居子系统的主要功能。
4. 掌握智能家居App的下载方法(安卓、iOS)。
5. 能进行智能音箱的入网与验证。

素质目标

1. 帮助学生养成节约意识、环保意识和生态意识。
2. 帮助学生理解乡村基础设施和公共服务建设的意义。

3.1 系统集成

系统集成

当前,新一轮科技革命和产业变革席卷全球,在“十四五”规划的蓝图中,5G、人工智能、云计算等新技术的自主创新以及数字经济转型正在加速推进。

物联网作为新技术载体将极大释放数字化、智能化的空间。简单来说,就是将信息网络连接和服务的对象从人扩展到物,通过搭载智慧端口器件与物联网连接起来,实现智能化交互和管理。

笔记

案例导入

"装了不会用,还不如不装!"这是很多老人和小孩使用智能家居后的反馈。这从侧面反映了智能家居饱受诟病的操作复杂性。目前,大多智能家居系统设计不够人性化,造成极大的操作难度。原本是想享受更便捷、更从容的生活,但复杂的操作反而让使用变得高难度,严重影响了用户体验。现在有了智能语音识别控制彻底解决了这个问题,让老人和小孩在日常的沟通中就能完成对智能家居设备的控制和操作。最近两年,语音操控成为智能家居的标配。我们不用动脚,也不用动手,动动口就可以控制家中的电器了。"帮我开下窗帘""帮我开下灯""帮我打开空调",一切就是这么便利。

夏天,在下班的途中,用手机将空调先开启,回到家就可以享受丝丝凉意。冬天,下班前用手机将地热或地暖开启,回到家就可以享受温暖。如果还想回家洗个热水澡,可以通过智能 App 同时将热水器启动,回到家就可以泡浴了。一键关闭家中所有的电器设备或打开若干个灯光、电视等操作;主人外出时,只需要通过一部手机,就能实现对家中一切事物的监控,让主人在外地也可以看到家中的场景,安心地工作。当然,还有更多的应用实例,举不胜举,用户完全可以通过手机下载智能软件进行配置,完成各项个性化的操作与设置。

3.1.1 系统集成的概念

系统集成就是通过结构化的综合布线系统和计算机网络技术,将各个分离的设备(如 PC)、功能和信息等集成到相互关联的、统一和协调的系统之中,使资源达到充分共享,实现集中、高效、便利的管理。系统集成应采用功能集成、液晶拼接集成、综合布线、网络集成、软件界面集成等多种集成技术。系统集成实现的关键在于解决系统之间的互联和互操作性问题,它是一个多厂商、多协议和面向各种应用的体系结构。这需要解决各类设备、子系统间的接口、协议、系统平台、应用软件等与子系统、建筑环境、施工配合、组织管理和人员配备相关的一切面向集成的问题,如图 3-1 所示。

3.1.2 设备系统集成和应用系统集成

系统集成主要包括设备系统集成和应用系统集成。

(1) 设备系统集成也可称为硬件系统集成,它是指以搭建组织机构内的信息化管理支持平台为目的,利用综合布线技术、安全防范技术、通信技术、互联网技术等进行集成设计、安装调试、界面定

笔记

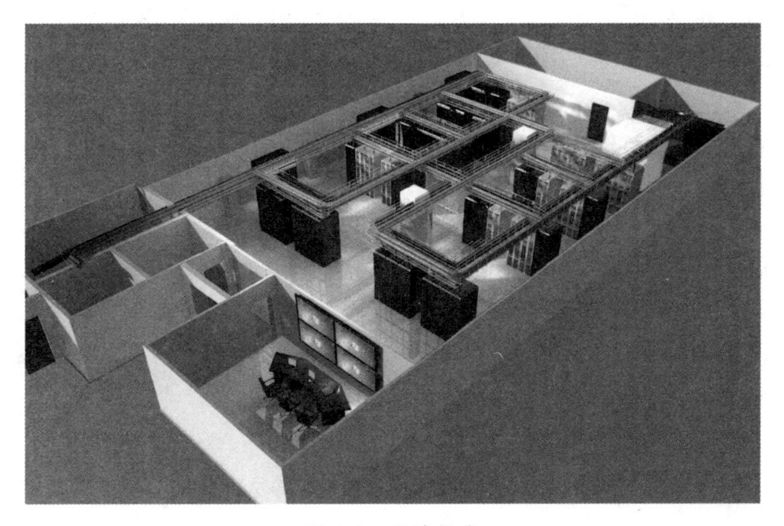

图 3-1 系统集成

制开发和应用支持。

（2）应用系统集成是以系统的高度为用户需求提供应用的系统模式，以及实现该系统模式的具体解决方案和运作方案。应用系统集成又称为行业信息化解决方案集成。

3.1.3 系统集成的特点

系统集成有以下几个显著特点。

（1）系统集成要以满足用户的需求为根本出发点。

（2）系统集成不是选择最好的产品的简单行为，而是要选择最适合用户的需求和投资规模的产品和技术。

（3）系统集成不是简单的设备供货，它体现更多的是设计、调试与开发的技术和能力。

（4）系统集成包含技术、管理和商务等方面，是一项综合性的系统工程。技术是系统集成工作的核心，管理和商务活动是系统集成项目成功实施的可靠保障。

（5）性能、性价比的高低是评价一个系统集成项目设计是否合理和实施是否成功的重要参考因素。

智能建筑集成系统结构示意如图 3-2 所示。

系统集成必须坚持一定的原则，主要包括实用性原则和经济性原则、先进性原则和成熟性原则、安全性原则和可靠性原则、开放性原则和可扩展性原则、标准性原则。

（1）实用性和经济性原则。充分利用原有系统的硬件资源，尽量减少硬件投资，充分利用原有系统的软件资源和数据资源，使其规范化。

（2）先进性和成熟性原则。硬件以及软件在数年内不应落后，

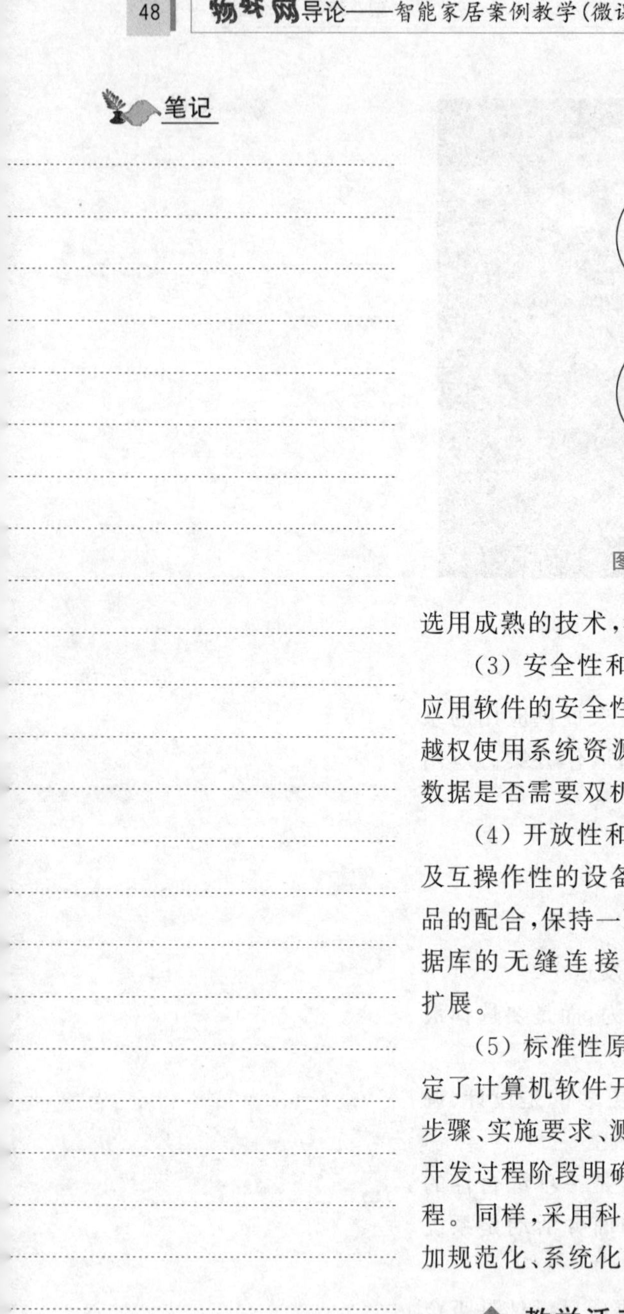

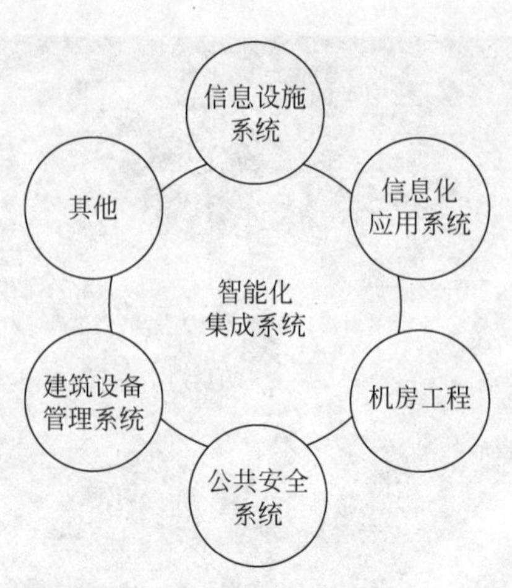

图 3-2 智能建筑集成系统结构示意图

选用成熟的技术，符合国际标准化的设备，确保设备的兼容性。

(3) 安全性和可靠性原则。安全性是指网络系统的安全性和应用软件的安全性，开发的应用软件系统的安全性，防止非法用户越权使用系统资源。可靠性是指系统是否要长期不间断地运行，数据是否需要双机备份或分布式存储，故障后恢复的措施等。

(4) 开放性和可扩展性原则。选择具有良好的互联性、互通性及互操作性的设备和软件产品，应用软件开发时应注意与其他产品的配合，保持一致性。特别是数据库的选择，要求能够与异种数据库的无缝连接。集成后的系统应便于今后需求增加而进行扩展。

(5) 标准性原则。由国家制定的计算机软件开发规范详细规定了计算机软件开发中的各个阶段以及每一个阶段的任务、实施步骤、实施要求、测试及验收标准、完成标志及交付文档，使得整个开发过程阶段明确、任务具体，真正成为一个可以控制和管理的过程。同样，采用科学和规范化的指导和制约，使得开发集成工作更加规范化、系统化和工程化，可大大提高系统集成的质量。

教学活动：讨论

搜索资料分析，2022 年北京冬奥会场馆中的国家速滑馆“冰丝带”中的“BIM 运维系统”“定位导航系统”“数字孪生系统”是如何构成的？

3.2 我国智能家居的发展历程

我国智能家居起步较晚，但发展较快，其发展大致分为四个阶段：萌芽起步阶段、开创发展阶段、融合发展阶段和成熟阶段。

1）萌芽起步阶段（2000年之前）

我国智能家居的发展历程

智能家居在国内是一个新生事物，行业和企业处于对智能家居的概念熟悉、产品认知阶段，整个行业也处在萌芽阶段。这个阶段并没有非常专业的智能家居生产厂商，仅出现少数代理和销售国外智能家居产品的进口零售业务，产品也多销售给居住在国内的欧美用户。

2）开创发展阶段（2000—2010年）

从2000年开始，通过广播、电视、报纸、杂志等新闻媒体的广泛宣传，智能家居的概念逐步走入普通百姓，在深圳、上海、天津、北京、杭州、厦门等城市，先后成立了几十家智能家居生产及研发企业，智能家居的市场逐渐启动。到2004年，智能家居被全面推广，房地产企业也开始使用"智能小区""智能家居"的名词，以增加待售房屋的卖点。但在2005年之后，由于技术等因素的制约和智能家居企业的快速成长所导致的激烈竞争，智能家居行业遇到了市场的调整，部分智能家居生产企业退出市场，部分企业扩大了市场规模。与此同时，国外部分智能家居品牌逐步进入中国市场，如罗格朗、霍尼韦尔、施耐德、Control4等。正如其他新技术的发展一样，这个阶段经历了从第一波快速发展到进入自我调整的稳定发展时期。

3）融合发展阶段（2010年至今）

这一阶段是与各种新技术的发展融合的阶段。这一阶段的典型技术以物联网、移动互联网、云计算、大数据以及人工智能等为主。与世界各国一样，我国在2009年提出了大力发展物联网的战略。移动互联网发展也突飞猛进。截至2015年，我国使用移动互联网的人数接近9亿。此后，我国明确提出建设智慧城市，到2016年全国已经有500多个城市提出建设智慧城市。智慧城市的建设要求大力发展智慧社区，而智能家居是智慧社区的重要组成部分。因此，智慧城市的建设极大地推动了智能家居的发展。

从2010年至今，我国智能家居硬件产品发展迅速，在消费市场中日益普及，智能家居规模在2015年之后出现明显增长。国内大批科技企业进入智能家居市场，如海尔、小米、华为。另外，地产企业也开始与科技企业联姻，未来智能家居或成为住宅标配。

4）成熟阶段（预计到2030年之后）

尽管智能家居在新一波信息技术的推动下发展迅猛，但智能家居的成熟与发展不会轻易实现。原因在于智能家居所强调的智能需要依赖信息化技术如人工智能技术、机器人技术、物联网技术、大数据技术的发展和成熟。业界认为，这些技术的真正成熟有可能在2030年之后。因此，智能家居的完全成熟发展与应用或将

笔记

笔记

在2030年左右真正实现。

教学活动：讨论

请同学们列举自己印象中家居的变迁。

3.3 智能家居系统

智能家居系统

智能家居系统是利用先进的计算机技术、网络通信技术、智能云端控制、综合布线技术、医疗电子技术依照人体工程学原理，融合个性需求，将与家居生活有关的各个子系统有机地结合在一起，通过网络化综合智能控制和管理，实现"以人为本"的全新家居生活体验。

智能家居系统构成可以大致分为硬件设备和软件系统。如果从实际功能上分，由于智能家居需要解决的问题较多，主要涉及家庭安防保护、环境调节、智能照明管理、健康监测、家电智能控制、能源智能计算、应急服务、家庭网络等，因此，一个典型的智能家居系统如图3-3所示，主要包括高清网络监控、报警系统、灯光场景控制、窗帘控制、新风控制、暖通控制、防盗电动卷帘、自动识别系统、家庭灌溉控制，以及背景音乐系统和智能影音控制等。

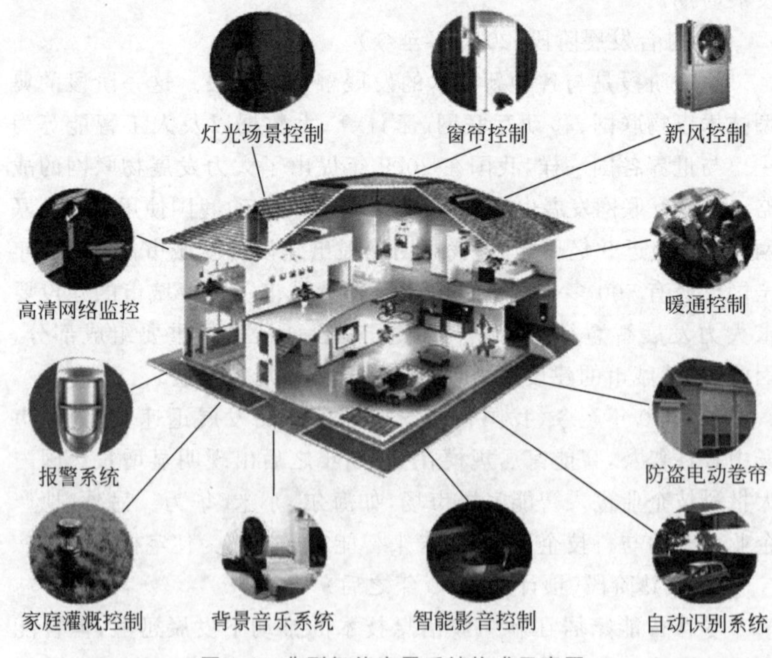

图3-3 典型智能家居系统构成示意图

(1) 硬件设备。智能家居系统中包括的硬件种类繁多，每个硬件的复杂程度也不一样，但其共同的特征是在原来的物体中嵌入

笔记

“智能”，使原来熟悉的物体具备感知、控制和联网功能，是将物联网应用到家居环境中并满足智能家居需求的一种具体体现。

智能家居硬件设备的感知功能主要通过传感器来实现。传感器是一种可以对物体和环境进行监测的装置，可以将监测和感知的信息转换为电信号或其他形式的信息并进一步输出，以满足后续的信息传输、处理、存储、显示、记录和控制等要求。

传感器是实现智能家居自动监测和自动控制的首要组成部分，其发展特征是微型化、智能化和网络化。从感知的角度，传感器可以分为热敏、光敏、气敏、力敏、磁敏、湿敏、声敏、放射线敏感、色敏和味敏等种类，一般而言，在智能家居中，它们并非独立存在的，而是嵌入到具备感知和控制功能的智能物体设备中。

(2) 软件系统。智能家居的软件系统是智能家居实现智能的根本所在，智能家居的软件贯穿于智能家居硬件的底层，如对嵌入到智能家居物体中的传感器进行访问与控制。软件还可以实现感知数据的传输、控制命令与传递，这主要通过智能家居组成的网络实现，包括有线网络和无线网络。

智能家居系统根据功能主要包括安防控制系统、绿色节能系统、环境监控系统、健康监控系统、家电控制系统、学习娱乐系统如图 3-4 所示。

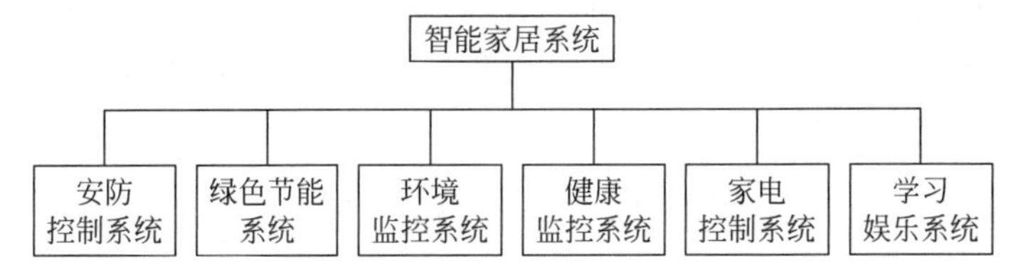

图 3-4　根据功能不同智能家居系统构成示意图

(1) 安防控制系统。安防控制系统是智能家居的重要组成部分，可靠而智能的安防控制系统能够确保智能家居用户的生命财产安全，及时发现安全隐患并能够及时进行自动处理。安防控制系统主要实现家庭防盗、防火、煤气泄漏监测与报警及自动处理、紧急求助等。

(2) 绿色节能系统。绿色节能系统涉及自动照明、家居用电监测、温度控制（空调、地暖）、热水器、电冰箱、娱乐家电、自动窗户窗帘、自动灌溉系统等。

(3) 环境监控系统。环境监控系统主要为居住人提供一个安全、健康、舒适的生活环境。对家居中的环境情况，如室内温度、空气湿度、有害气体含量（二氧化碳浓度、甲醛浓度、烟雾、粉尘颗粒浓度）等情况进行实时监测，并针对监测情况对环境进行调节。

(4) 健康监控系统。健康监控系统主要通过智能家居中的智能穿戴设备（智能手表、智能手环等）、智能呼吸检测仪、体重计、智

笔记

能电冰箱、油烟机等对人的睡眠、饮食、活动、生活习惯、身体特征等进行实时记录、统计和分析，对不健康的生活提出预警，对健康生活提供指导。

(5) 家电控制系统。家电控制系统主要实现智能家居系统中各类家电的使用与监控。使用者可以通过手机、声音、语音控制智能家电的开启、运行与停止，方便对各类电器设备的使用(包括远程控制家电)。

(6) 学习娱乐系统。学习娱乐系统实现整个家庭对于家庭影音系统(电视机、投影仪、音乐播放器)、智能手机、计算机等的智能应用与管理，满足对娱乐、信息以及生活学习的需要。

教学活动：讨论

谈谈智能家居系统有哪些功能？

3.4 智能场景控制和语音控制

随着移动互联网的发展和物联网时代的到来，智能家居 App 应运而生。它的出现可以说改变了某些人群的家庭生活习惯，好的智能家居 App 能够给用户一个舒适的体验过程，带来非常便捷智能的居家生活。一个典型的智能家居控制 App 一般包括设备页、智能页、个人页三个大的主页面，设备页内包含添加设备、设备设置、语音入口等选项。

3.4.1 智能家居 App 概述

随着智能家居行业的不断发展，与之“配套”的 App 作为智能硬件设备的管理工具颇受关注。一款智能家居 App 直接关系到用户对智能生活的体验，决定用户能否更好地管理家庭设备，享受智能家居带来的安全、便利和舒适。在诸多智能家居 App 中，哪些出类拔萃的功能更受用户青睐呢？智能家居硬件是软件的基础，没有硬件，软件将是无源之水、无本之木，下面就综合硬件设备和软件交互，介绍一款目前较出色的智能家居 App。

尚和邻里是一款基于社区综合服务的“互联网＋”的智慧社区应用，它充分利用物联网、云计算、移动互联网等新一代信息技术，为社区居民提供一个便捷安全的智慧化生活服务平台。社区居民通过 App 可以享受网络平台、在线上报健康状况、党建、政策通、智慧养老、人才服务、云门禁远程开门、在线缴费、社区公告、资源预定等优质服务，同时，业主还可以享受二手市场、活动中心等丰富多彩的社区生活。

首次使用尚和邻里智能家居 App，需要注册，现在多为手机号

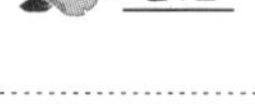
笔记

注册，非常方便。注册完成后通过添加设备页面添加相关设备和组件，然后进入设备的设置页面对各个设备进行设置，最后根据自己的生活习惯设置场景和自动化，整个系统就可以正常使用了，如图 3-5 所示。

图 3-5　尚和邻里智能家居 App

下面是尚和邻里 App 的下载方法。

管理 App 的下载

(1) 苹果手机下载方法。打开苹果手机中的 App store，点击“搜索”，在“搜索栏”输入“尚和邻里”，选择家庭版，点击输入法中的“搜索”进入，点击软件后面的“获取”，进行“指纹识别”之后，等待软件下载完成即可。安装好软件就可以登录并控制了。

(2) 安卓手机下载方法。第一种方法是在手机自带软件“软件商店”或“应用汇”中进行下载。进入软件商店 App，可以在“推荐”中选择软件，也可以搜索“尚和邻里”，点击“安装”即可。

笔记

第二种方法是使用浏览器进行软件安装,这里用百度浏览器举例。在网页中,搜索“尚和邻里”,然后单击下载,下载完成单击“允许安装”即可。

安装好软件就可以登录并进行控制了。

3.4.2 智能家居 App 的主要功能

(1) 智能连接:轻松便捷地用手机连接电视、冰箱、空调、台灯、洗衣机、插座等家电设备。

(2) 设备控制:通过手机 App 实现近距离跨平台或远距离操作,以最低的成本构建自己的“智能家庭”。

(3) 智能信息反馈:及时了解家中设备自身状态,如家中无人时设备是否在工作,家中是否有特殊情况发生,家中的环境质量如何等,都可以通过文字形式即时反馈信息。

教学活动:讨论

在手机上下载智能 App,添加智能家居并完成应用过程。

3.4.3 语音控制

所谓智能语音产业,主要指通过语音合成技术和语音识别技术为用户提供各种服务的产业。一般来说,用户只需要用说话的方式给服务终端发布命令,就能得到相应的服务。这一产业从 20 世纪 60 年代就已出现,但并不为普通消费者所熟知,消费者对其认知度也比较低。近年来,随着苹果、谷歌、微软等公司先后推出 Siri 等智能语音服务,这一服务以及相关产业才开始被普通消费者和投资界所关注。

语音控制技术

与机器进行语音交流,让机器明白你说什么,这是人们长期以来梦寐以求的事情。语音识别技术就是让机器通过识别和理解过程把语音信号转变为相应的文本或命令的技术。

语音识别是一门交叉学科,语音识别技术与语音合成技术结合使人们通过语音命令进行操作,甩掉键盘。语音技术的应用已经成为一个具有竞争性的新兴高技术产业。

目前,对于语音控制类的智能硬件产品在很多场景下因语音交互体验不尽人意而深受诟病,究其原因主要是受限于空间距离、背景噪声、其他人声干扰、回声、混响等多重复杂因素,进而导致的识别距离近、识别率低等明显痛点。

除此之外,由于中国语系中方言和口音相当多,加上中文的多语义性,所以不同地区的人使用语音控制识别率差异较大。同时,在语义识别上,也存在上下文的关联带来识别的学习难、定位难和建立模型难等问题。

笔记

3.4.4 智能音箱

全球著名市场研究机构IDC《中国智能音箱设备市场月度销量跟踪报告》数据显示，2019年中国智能音箱市场第一季度销量达到1122万台。2020年第一季度，受新冠肺炎疫情影响，中国智能音箱销量为884.4万台，销量较2019年同期相比有所下滑。不过，多家市场机构的Q2分析数据显示，中国智能音箱厂商已从新冠肺炎疫情最严重的第一季度缓慢复苏过来。有机构预测，随着越来越多的经济体开始复苏，智能音箱市场在第三季度的表现将会更加强劲，全球智能音箱销量将有望达到全年5000万台。

智能音箱是一个音箱升级的产物，是家庭消费者用语音进行上网的一个工具，比如点播歌曲、上网购物，或是了解天气预报，它也可以对智能家居设备进行控制，比如打开窗帘、设置冰箱温度、提前让热水器升温等。

智能音箱

在智能音箱之前，已经出现了蓝牙音箱，如图3-6所示，智能音箱（图3-7）与蓝牙音箱的对比如下。

图3-6 蓝牙音箱

图3-7 智能音箱

笔记

智能音箱的入网与控制

(1) 连接方式不同。蓝牙音箱内置蓝牙芯片,是以蓝牙连接取代传统线材连接的音响设备,通过与手机、平板电脑和笔记本电脑等蓝牙播放设备连接,达到方便快捷的目的。智能音箱主要通过 Wi-Fi 连接相关设备,也就是说要通过网络连接相关设备。

(2) 功能不一样。蓝牙音箱采用的是蓝牙无线连接方式,它在使用中需要手机+音箱才能实现音频播放,一旦脱离手机等设备将无法独立使用。比如蓝牙音箱与手机对连后,就接管了手机的音频播放,手机的所有声音都会由蓝牙音箱发出来。智能音箱采用的是 Wi-Fi 网络连接方式,可完全脱离手机、平板等智能设备,自主播放各种影音,无须依附于任何外在设备,这也是它与蓝牙音箱在使用上最大的不同。

智能音箱的产品参数如下。

电源输入:5V、2A。

最大功率:10W。

工作温度:0~40℃。

工作湿度:4%~90%RH。

当我们用语音对智能音箱呼唤并让它播放歌曲时,智能音箱麦克风接收语音后,在内部将语音指令转化为文字后检索并解析,通过理解语料,调用第三方的语音服务,如 QQ 音乐提供的语音技能服务,然后将 QQ 音乐上的歌曲传输,经过整合后通过音箱播放出来。

智能音箱的入网与验证如下。

步骤 1:手机接入 2.4GHz Wi-Fi 网络,下载 App 并注册/登录。

步骤 2:接通电源,打开 App 选择智能音箱。

步骤 3:长按静音键 5s 以上,红蓝灯交替快闪。

步骤 4:点击“确认”,指示灯快闪,自动开启蓝牙,完成配网。

教学活动 1:讨论

想想你身边的哪些设备运用了语音控制技术?

教学活动 2:小组 PK 赛

分小组使用“尚和邻里”智能家居的 App,连接智能音箱。

3.5 拓展提高

3.5.1 社区关联服务

智慧社区是社区管理的一种新理念,是新形势下社会管理创

笔记

新的一种新模式，如图 3-8 所示。智慧社区是指充分利用物联网、云计算、移动互联网等新一代信息技术的集成应用，为社区居民提供一个安全、舒适、便利的现代化、智慧化生活环境，从而形成基于信息化、智能化社会管理与服务的一种新的管理形态的社区。智慧社区建设能够有效推动经济转型，促进现代服务业发展。

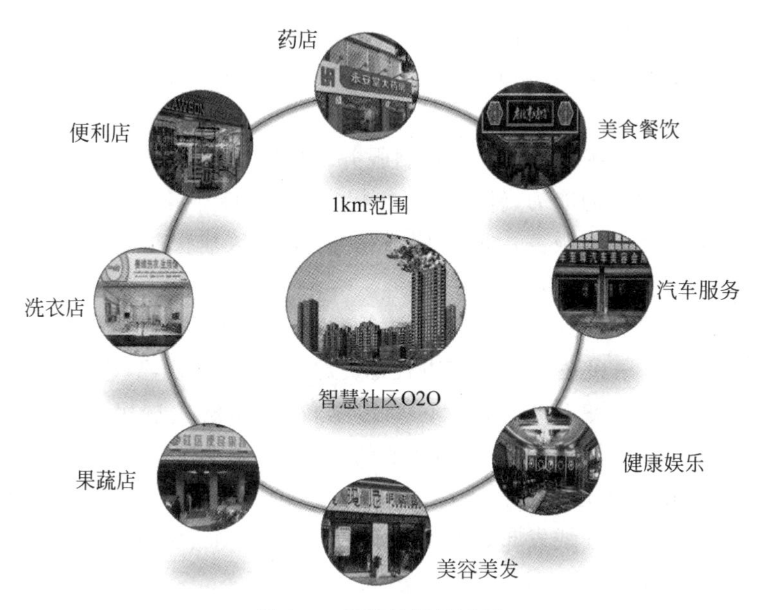

图 3-8　智慧社区示意图

智慧社区可以平衡社会、商业和环境需求，同时优化可用资源。智慧社区实质上就是要提供各种流程、系统和产品，促进社区发展和可持续性，为其居民、经济以及社区赖以生存的生态大环境带来利益。

3.5.2　智慧社区的特征

智慧社区

（1）舒适、开放的人性化环境。智慧社区的建设是为了更大限度地满足人们对生产、生活的需求，让人类生存得更加美好。通过智慧社区的建设，紧密围绕社会管理与公众服务的需求，提供便捷、丰富、低成本和高品质的公共服务。

（2）可持续性智慧社区是一种全新的社会治理与服务模式，相比传统社区，智慧社区具有持续创新发展的内生驱动力，在这种力的推动下，可实现社区各元素的自我适应调节、优化和完善，这样就可以促使人类的生产生活始终处于环境可承载范围之内。

（3）智能感知性智慧社区通过建立智慧社区的泛在信息源，全面感知社区运转方方面面的信息，是智慧化的基础，通过遍布的传感器与智能设备组成物联网，全面地对社区运行的核心系统进行

笔记

测量、监控与分析，做到变被动为主动地全面感知，创造社区“智”和“慧”协同模式。

(4) 协同共享性智慧社区“协同共享”的目的就是形成具有统一性的社区资源体系，使社区不再出现“资源孤岛”和“应用孤岛”，在协同共享的智慧社区中，任何一个应用环节都可以在授权后启动相关联的应用，并对其应用环节进行操作，从而使各类资源可以根据系统的需要，各司其职地发挥其最大的价值，按照共同的目标协调统一调配。

(5) 服务性智慧社区的订制服务就是智慧的展现，智慧社区应具有主动服务的能力，针对社区的特定需求和社区特点，主动推送社区居民所需的服务内容及服务信息，为社区居民指定个性化的服务，并主动推送给相关的人。

教育机构在线发布教育资源，如书画班、钢琴版、英语班、少儿舞蹈班等；居民在线查找周边教育资源，查看报名优惠，学员反馈，在线预订；居民不再为找社区周边学校发愁，解决居民的实际问题；远程教育，教育机构作为物业的资源，在线发布教育资源，用户通过 App 进入远程教育入口，随时接入教育资源。

家政公司在线发布家政服务范围、收费标准、服务时间等；居民预约保姆、护理、清洁、装修、洗衣等社区服务；查看家政服务的用户反馈，在众多家政资源中寻找优质的服务公司。

教学活动：讨论

你认为智慧社区和现在的社区相比有哪些特点？

习题

1. 什么是系统集成？

2. 系统集成有哪些组成？

3. 系统集成坚持哪些原则？

笔记

4. 什么是智能家居系统？

5. 智能家居系统的功能是什么？

6. 智能软件的主要功能有哪些？

7. 智慧社区有哪些优势？

第4章 四

智能网关和智能开关

笔记

教学目标

知识目标

1. 掌握智能网关的概念。
2. 了解开关的选购方法。
3. 掌握智能插座的定义及分类。
4. 掌握智能插座的优势。
5. 了解家庭照明的基本要求。

能力目标

1. 掌握无线传感器物联网络技术及其特点。
2. 了解家庭网关的功能、优势和类型。
3. 能使用手机 App 配置网关。
4. 了解电磁继电器的控制原理。
5. 能进行智能开关入网与验证。

素质目标

1. 培养学生开展标准化生产的习惯。
2. 培养学生诚实守信、遵纪守法的品德。
3. 引导学生理解 6S 标准。
4. 开展劳动教育。
5. 培养学生工匠精神与创新精神的融合。

4.1 智能网关

物联网、大数据、云计算等技术的发展使智能家居行业飞速发展。作为整个智能家居构架中最重要的一个环节——智能网关，它是家庭物联网的核心访问和管理设备，是内外信息交互的核心部件，具有举足轻重的作用。

笔记

4.1.1　无线传感器物联网络技术

无线传感器物联网络技术及特点

无线传感器物联网络技术是由许多在空间上分布的自动装置组成的一种计算机网络，这些装置使用传感器协作地监控不同位置的物理或环境状况（比如温度、声音、振动、压力、运动或污染物）。无线传感器网络（wireless sensor network，WSN）的每个节点除配备一个或多个传感器之外，还装备了一个无线电收发器、一个很小的微控制器和一个能源装置（通常为电池）。WSN是一种自组织网络，通过大量低成本、资源受限的传感节点设备协同工作实现某一特定任务。WSN的构想最初是由美国军方提出的，它有大量传感器节点，能够实现数据的采集量化、处理融合和传输，综合了微电子技术、嵌入式计算技术、现代网络及无线通信技术、分布式信息处理技术等相关物联网先进技术，能够协同地实时监测、感知和采集网络覆盖区域中各种环境或监测对象的信息，并对其进行处理，处理后的信息通过无线方式发送，并以自组多跳的网络方式传送给观察者。它的特点主要体现在以下六个方面。

（1）能量有限：能量是限制传感节点能力、寿命最主要的约束性条件，现有的传感节点都是通过标准的AAA或AA电池进行供电，并且不能重新充电。

（2）计算能力有限：传感节点CPU一般只具有8bit、4～8MHz的处理能力。

（3）存储能力有限：传感节点一般包括三种形式的存储器，即RAM、程序存储器和工作存储器。

（4）通信范围有限：为了节约信号传输时的能量消耗，传感节点射频模块的传输能量一般为10～100mW，传输范围局限于0.1～1km。

（5）防篡改性：传感节点是一种价格低廉、结构松散、开放的网络设备，攻击者一旦获取传感节点就很容易获得和修改存储在传感节点中的密钥信息以及程序代码等。

（6）大多数传感器网络在进行部署前，其网络拓扑是无法预知的。

4.1.2　智能网关的概念

智能网关的概念

什么是智能网关呢？其实，就和智能手机一样，“智能”本身是很难精确定义的，最后的定义往往是用户认可的事实标准。对于智能网关，整个行业还没有一个精准的定义，有关智能网关的功能与作用，不同人会给出不同的回答，甚至有的人用智能路由统称智能网关。

笔记

曾经有人在网上进行了相关的调查研究。那么在众多的网友心目中,理想的智能网关应该具有哪些特色功能呢?调查研究表明,有82.55%的网友希望智能网关可以实现手机端App管控,76.59%的网友认为应实现局域网与远程的安全管理,71.13%的网友期望可通过无线来控制智能家居,还有64.02%的网友希望能够实现无线影音的播放分享,更有62.12%的网友期望智能网关拥有傻瓜式的简易应用。到目前为止,网友期望的功能已经基本实现,而且还在不断优化。

案例导入

近几年智能家居很热,产品也很多。大到各类家电如电视、空调,小到自动窗帘、扫地机器人等。当我们用指纹解锁迈进家门,屋内的灯随之亮起,随着语音智能人"欢迎主人回家"的话语,智能生活的序幕已然拉开:"打开电视""打开热水器""关上窗帘""放一首周传雄的《黄昏》"……我们习惯性地呼唤着智能音箱,觉得它才是连接屋内所有智能产品的那个"枢纽"。事实上,智能音箱仅仅是一个载体,真正在整个智能家居的架构中起着核心枢纽作用的是智能网关,它连接着家庭内网和外网,保证内、外网络的通信。

在搞清楚智能网关前有必要先了解一下智能家居的组网原理。目前的智能家居设备一般通过两种网关、三种连接方式互联。两种网关是蓝牙网关、基于ZigBee的物联网网关;三种连接方式是蓝牙连接、ZigBee连接、Wi-Fi连接(无须网关)。

既然可以直接通过家里的Wi-Fi连接,还要网关做什么?我们发现Wi-Fi连接的硬件设备特别依赖无线网络。家中的无线网络需要稳定、可靠,不然会经常遇到设备离线、丢失连接等现象。通常家中来的亲朋好友的人数多了,连接Wi-Fi的手机增加,无线网络就会卡顿。此外,电信宽带故障或路由器断电,家里的智能设备也会成为摆设。既然Wi-Fi网络有缺陷,另外两种通过网关连接的设备表现如何?网关其实是个桥梁,既能连接Wi-Fi网络,又能连接家里其他智能设备。

智能家居不是单品的智能,单品的智能显然已经不能够满足人们对智慧生活的要求,要实现全屋家居的智能,关键是要掌握智能家居系统,其中智能网关起着至关重要的作用。

大家都知道,从一个房间走到另一个房间,必然要经过一扇门。同样,从一个网络向另一个网络发送信息,也必须经过一道"关口",这道关口就是网关。顾名思义,网关就是一个网络连接到另一个网络的"关口",也就是网络关卡。

网关(gateway)又称网间连接器、协议转换器。默认网关在网络层上实现网络互联,是非常复杂的网络互联设备,仅用于两个高

笔记

层协议不同的网络互联。网关的结构和路由器类似，不同的是互联层。网关既可以用于广域网互联，也可以用于局域网互联。

那么网关到底是什么呢？网关实质上是一个网络通向其他网络的 IP 地址。比如有网络 A 和网络 B，网络 A 的 IP 地址范围为 192.168.1.1～192.168.1.254，子网掩码为 255.255.255.0；网络 B 的 IP 地址范围为 192.168.2.1～192.168.2.254，子网掩码为 255.255.255.0。在没有路由器的情况下，两个网络之间是不能进行 TCP/IP 通信的，即使是两个网络连接在同一台交换机(或集线器)上，TCP/IP 协议也会根据子网掩码(255.255.255.0)判定两个网络中的主机处在不同的网络里。要实现这两个网络之间的通信，必须通过网关。如果网络 A 中的主机发现数据包的目的主机不在本地网络中，就把数据包转发给自己的网关，再由网关转发给网络 B 的网关，网络 B 的网关再转发给网络 B 的某个主机。这就是网络 A 向网络 B 转发数据包的过程。

案例导入

假设你的名字叫小不点(很小)，你住在一个大院子里，你的邻居有很多小伙伴，父母是你的网关。按道理，当你想跟院子里的某个小伙伴玩时，只要你在院子里大喊一声他的名字，他听到了就会回应你，并且跑出来跟你玩，但是你的家长不允许你走出大门，你想与外界发生的一切联系，都必须由父母(网关)用电话帮助你联系。假如你想找你的同学小明聊天，而小明家住在很远的另外一个院子里，他家里也有父母(小明的网关)。你不知道小明家的电话号码，不过你的班主任老师有一份你们班全体同学的名单和电话号码对照表，你的老师就是你的 DNS 服务器。于是你在家里和父母有了下面的对话。

小不点：妈妈(或爸爸)，我想找班主任查一下小明的电话号码行吗？

家长：好，你等一下。(接着你的家长给你的班主任打了一个电话，问清楚了小明的电话)问到了，他家的号码是 211.99.99.99。

小不点：太好了！妈妈(或爸爸)，我想找小明，你再帮我联系一下小明吧。

家长：没问题。(接着家长向电话局发出了请求接通小明家电话的请求，最后一关当然是被转接到了小明家长那里，然后他家长把电话给转到小明)就这样你和小明取得了联系。如图 4-1 所示。

搞清了什么是网关，默认网关也就好理解了。就好像一个房间可以有多扇门一样，一台主机可以有多个网关。默认网关的意思是一台主机如果找不到可用的网关，就把数据包发给默认指定的网关，由这个网关处理数据包。默认网关一般填写 192.168.x.1。

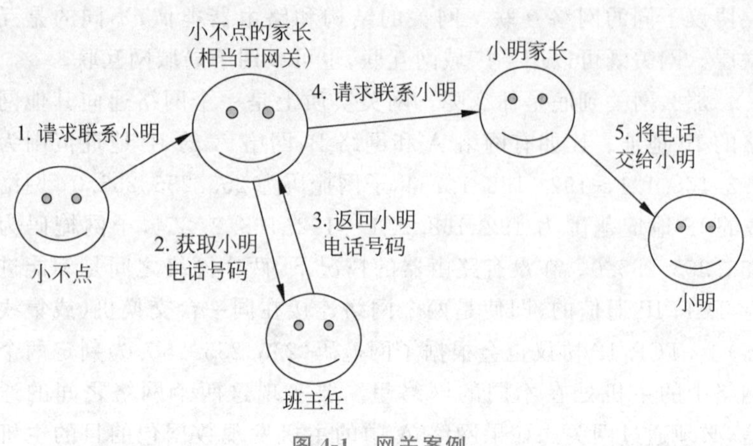

图 4-1 网关案例

4.1.3 智能家庭网关的功能、优势和类型

家庭网关的功能、优势和类型

网关最基本的功能是转换通信协议,实现不同协议设备间的通信。联云能力和协议类型是网关的两个基本属性。例如,物联网中常见的 ZigBee 网关和蓝牙网关,因为 ZigBee 和蓝牙自身不具备连接云端的能力,所以需要一个网关转换协议连接设备和云端。

全屋智能的实现需要众多设备在线联动,而一个网关就能管理全家的子设备。网关具有子设备离线提示功能,打开 App 可以了解网关下的子设备离网状态,及时应对。

网关设备认证采用基于 TLS 的双向加密认证,传输采用 TLS 通道加密,业务数据采用设备级别随机密钥加密,给予用户立体、多维度的信息安全保护。

1. 主要功能和优势

智能家庭网关具备智能家居控制枢纽及无线路由两大功能:一是负责具体的安防报警、家电控制、用电信息采集,通过无线方式与智能交互终端等产品进行数据交互;二是具备无线路由功能,有优良的无线性能、网络安全和覆盖面积,提供理想的无线家庭网络。

在传输距离和无线信号的穿透力方面,智能家庭网关完全可以满足 3 居室、复式、跃层户型的无线覆盖,对于别墅也可以基本保证无线信号覆盖整个家庭,使用户完全不必担心无线信号无法到达的局限。

在硬件方面,智能家庭网关拥有 4 核 CPU、5 核 GPU 及 16G/64G 超大存储空间,并标配 6 轴陀螺仪技术体感遥控器,配有涡轮智能散热系统。支持 AC 双频 Wi-Fi、1200Mbit/s 无线传输速率、4KB 硬解码、输出分辨率达 4096 像素×2160 像素。同时智能家庭网关集高清 IPTV、私有云、智能家居、智能无线路由、多屏游戏等功能于一体。

智能家庭网关可以充当机顶盒使用，在内容方面与爱奇艺合作，配有基于安卓的智能系统，可以安装其他软件进行使用。同时，还充当智能家居枢纽，适配智能插座、温湿度感应、燃气报警、智能监控、智能门铃等智能电器，实现一机物联全家智能设备并统一由手机远程管控，由此自由定制全家人的智慧生活。

安装方式：简易安装，插入电源，接好网口。

2. 家庭网关的类型

1）Wi-Fi＋ZigBee 集成路由器网关

远程控制，随时随地，贴心管控，多种设备，一键互联，智能联动，1200Mbit/s 无线传输速率，快速响应。

2）ZigBee 家庭网关

智能家居控制中枢，双向加密，信息更安全，100＋子设备连接，即使 Wi-Fi 中断，子设备仍可正常工作。

3）ZigBee 无线网关

ZigBee＋Wi-Fi 双通信，远程控制，智能联动，低功耗，信号稳定。

4）蓝牙 Mesh 网关

Mesh 群组控制，智能设备联动，超小体积，方便使用，低功耗，信号稳定。

4.1.4 集成网关

集成网关集成多种通信协议模块（如 ZigBee、Wi-Fi 模块），可集中管理多种设备，实现设备之间的联动，并支持远程网络操控，它通过手机 App，实现家庭中电灯、窗帘、电动门窗、安防设备、智能家电等设备的远程操作和一键场景控制，为用户提供智能、简便、舒适的家庭生活体验，如图 4-2 所示。

图 4-2 集成网关

ZigBee 组网技术：ZigBee 是一组基于 IEEE802.15.4 无线标准研制开发的、有关组网、安全和应用软件方面的技术，属于 2.4GHz 通信频段。

系统支持不同子网络之间通信“多楼层互控”，达到互控的目的，最大支持 8 个子网络组网，不同子网之间通过 485 线连接起来，通过上位机配置可以定义子网内某一面板为多网络通信节点，不同网络之间控制通过统一的节点通信转发控制指令和信息。还可

笔记

以整合控制 Wi-Fi 海尔物联网家电,可红外控制第三方品牌红外家电等,基于 IOS 和 Android 操作系统的手机 App 控制,软件免费升级,可定制。

系统场景控制可通过控制面板、App 实现,方便编程,通过编程可实现控制面板、App 等控制信息同步,无须重复操作。

外网和智能家居系统出现故障,控制面板可独立使用,基于面板的场景正常运行,基础功能不受影响。

当然,网关建立起开放应用环境,只能开放智能网关本身的能力,距离整个智慧家庭智能硬件能力开放还有距离。所以,在智慧家庭不同智能硬件(如网关、机顶盒、手机等)开放的基础上构建协同的开放环境,将是产业链各方进一步群策群力、共同努力的方向。

教学活动:讨论

假设为你家搭建智慧家庭,你会选择哪种网关?

4.2 课堂活动:智能网关的配置

1. 手机 App 配置网关

步骤 1:打开手机接入 2.4GHz 频段的 Wi-Fi 网络,点击下载智能 App,如图 4-3 所示。

步骤 2:下载完成后登录并注册账号,如图 4-4 所示。

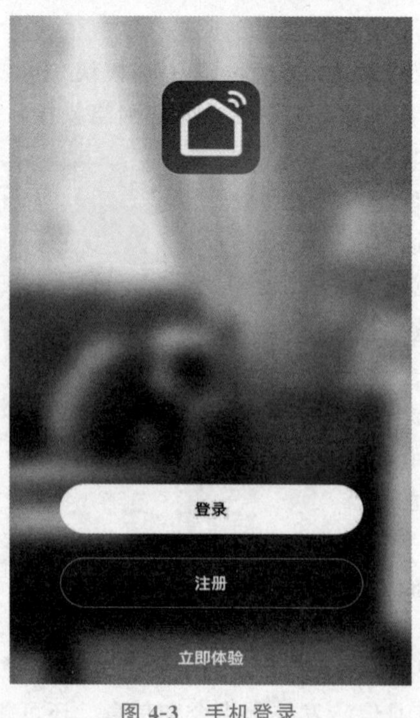

图 4-3 手机登录

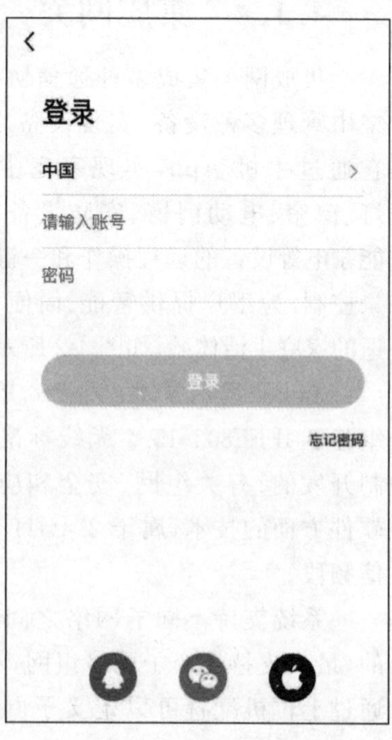

图 4-4 注册界面

步骤3：进入功能页面，点击“添加设备”按钮，如图4-5所示。

步骤4：选择自动或手动添加设备，如图4-6所示。

图4-5 “添加设备”界面

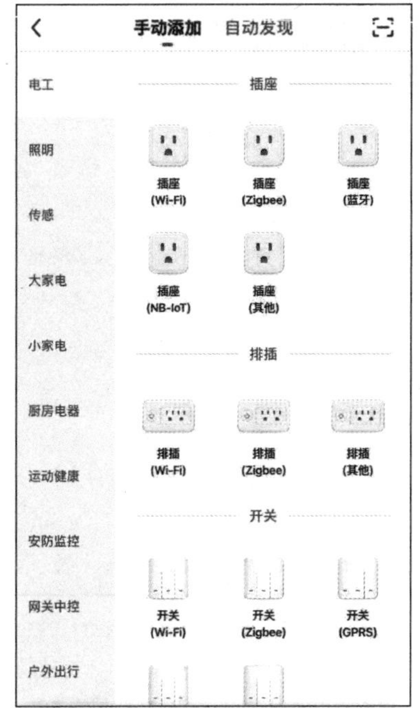

图4-6 手动添加设备

步骤5：将网关连接电源，并通过网线与家庭2.4GHz频段路由器相连，确保手机与网关处于同一个局域网络下，如图4-7所示。

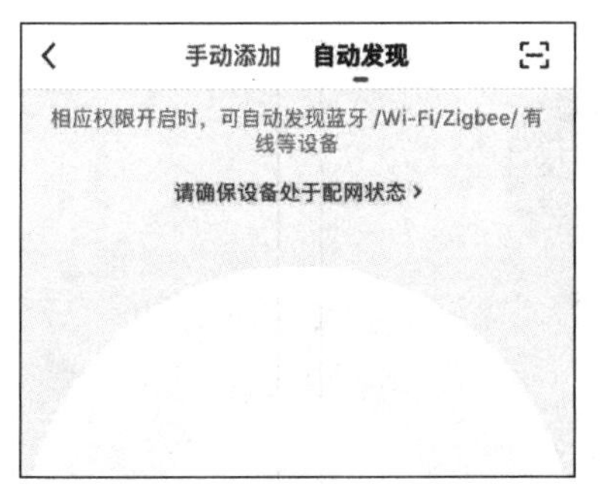

图4-7 手机连接网关

步骤6：确认配网指示灯为绿灯常亮，如果处于其他状态，长按复位键至绿灯常亮，如图4-8和图4-9所示。

步骤7：根据App指引成功添加设备，如图4-10所示。

添加成功后即可在“我的家”列表中找到设备，如图4-11所示。

网关的入网与验证

笔记

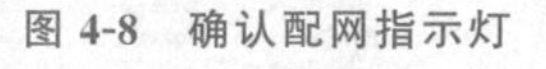

图 4-8 确认配网指示灯

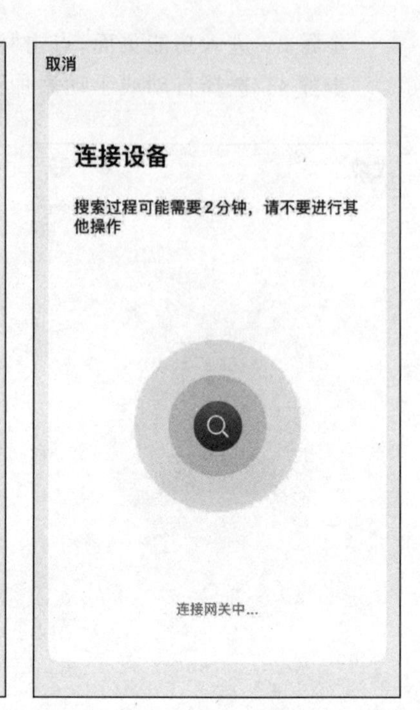

图 4-9 连接设备

图 4-10 添加设备

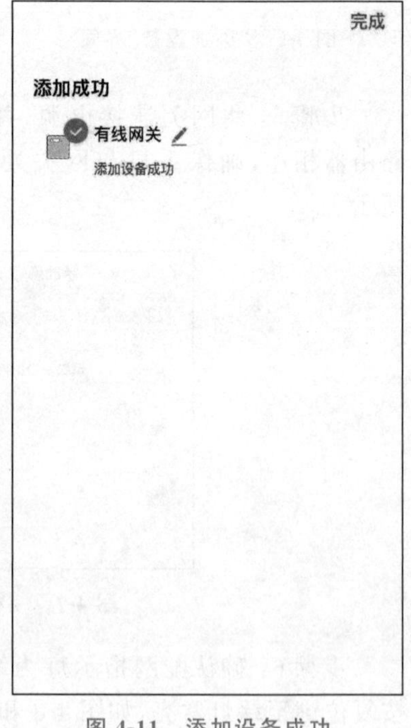

图 4-11 添加设备成功

2. 从手机 App 用网关配置其他设备

步骤 1：打开 App 进入页面，点击“添加子设备”，如图 4-12 所示。

笔记

图 4-12　添加子设备

步骤 2：选择烟雾报警器，如图 4-13 和图 4-14 所示。

图 4-13　确认指示灯

图 4-14　选择烟雾报警器

步骤 3：根据 App 提示完成操作，如图 4-15 所示。

步骤 4：列表里出现无线烟雾报警器，完成配置，如图 4-16 所示。

笔记

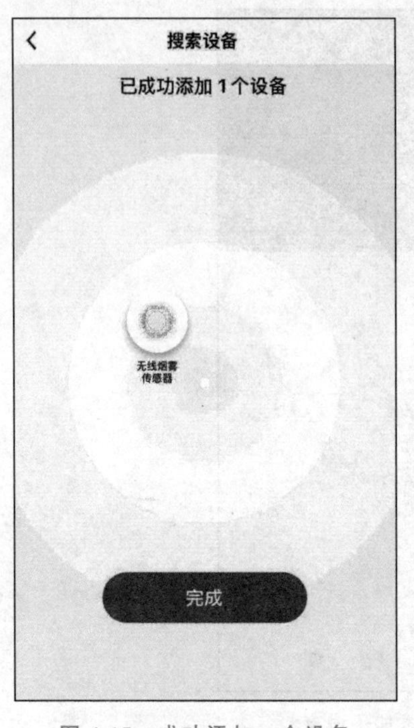

图 4-15 成功添加一个设备

图 4-16 列表出现无线烟雾传感器

教学活动：小组 PK 赛

分小组对智慧家庭样板间照明项目中的网关进行配置。

4.3 智能开关

智能开关是指用户事先将住宅内所有的灯具设置成不同的场景，如回家、离家、会客、就餐、影院、派对、音乐、情调、休息、起床等，每个场景均有不同的灯光布局，如影院场景是将其他房间灯具及客厅主灯自动关闭，仅开设客厅射灯、壁灯等辅灯，并降低其亮度。用户可以根据自己需要，选择相应的场景模式，可实现一键控制已设置好的场景灯光，出门时红外自动感应或远程移动端控制都可以实现一键切换或一键关闭的模式。

4.3.1 开关的发展背景

智能灯光与开关的发展史

开关的演变是一段技术发展史，见证了人类进步，改变了世界面貌。

1884 年，英国电气工程师、发明家 John Henry Holmes 发明了采用“速断技术”(quick-break technology)的照明开关，大大提升了电灯的使用寿

笔记

命，推动了开关的快速发展。在今天，这种“速断技术”仍被世界各地的普通电灯开关所用。

1917 年，William J. Newton 发明了墙面拨动开关，它是我们今天所使用的照明开关的雏形。基于“速断技术”的开关以及拨动开关大大加速了开关发展进程，满足了更多社会化需求。

1980 年，拇指开关（也叫指甲型按钮）出现，它源于澳洲品牌奇胜电器，原理是通过按压一个指甲大小的按钮来控制电源。由于它的按键只有指甲大小，按起来比较别扭，手感不够顺畅。它的外观像指甲盖一样小巧，在外观上实现了突破。此后，这种按钮开关以其优良的耐用性在中国盛行了十多年。即便是目前，在中国仍然存在一定的市场。

1990 年，起源于 TCL 国际电工 K4.0 系列大翘板开关推出，其原理是长方形或正方形跷板按键，通过翘板控制电源接通与否，手感比按钮开关要好，缺点是跷板开关总有一头跷起，不够平整美观，翘起的一头容易藏灰。它成为实际上的第三代开关产品而一直流行至今。

21 世纪，开关技术发展迅猛，随着科技的发展，开关的尺寸、工业设计、外形、核心科技等都在不断地进步，更是出现了声控开关、智能开关等。

4.3.2 开关的种类

1. 延时开关

延时开关是将电磁继电器安装于开关之中，从而起到延时开、关电路的一种开关。延时开关又分为声控延时开关、光控延时开关、触摸式延时开关等。延时开关的原理是，当开关中的电磁继电器线圈通电后，线圈中的铁心产生强大的电磁力，吸动衔铁带动簧片，使常闭触点断开，常开触点接通。当线圈断电后，弹簧使簧片复位，使常闭触点接通，常开触点断开。我们只要把需要控制的电路接在常闭触点间或常开触点间，就可以利用继电器达到某种控制的目的。

2. 轻触开关

轻触开关是靠内部金属弹片受力弹动来实现通断的，如领弈的 IKI 系列轻触开关。使用时轻轻点按开关按钮就可使开关接通，松开手时开关即断开。

轻触开关由于体积小、重量轻，在电器方面得到广泛的应用，如影音产品、数码产品、遥控器、通信产品、家用电器、安防产品、玩具、计算机、医疗器材、汽车按键等。

3. 光电开关

光电开关是传感器大家族中的成员，它把发射端和接收端之

笔记

间光的强弱变化转化为电流的变化以达到探测目的。由于光电开关输出回路和输入回路是电隔离的(即电绝缘),所以它可以在许多场合得到应用。

4. 智能开关

随着智能移动终端的普及,智能开关的内涵也在发展,逐渐成为新的应用,在保留遥控开关的基础上,还拓展出智能家居中的能源消耗监控、云服务后台的节点策略建议推送等多种复合场景增值服务模式,智能开关也从单一的个体、散户走向家庭集约联动的综合能源部署阶段。

4.3.3 智能开关的概念

智能开关(图 4-17)是指利用控制板和电子元器件的组合及编程,以实现电路智能开关控制的单元。开关控制又称 BANG-BANG 控制,由于这种控制方式简单且易于实现,因此在许多家用电器和照明灯具的控制中被采用。

图 4-17 智能开关

智能开关和传统类开关相比,功能特色多、使用安全,而且样式美观。它打破了传统类开关的开与关的单一作用,除了在功能上的创新还赋予了开关装饰点缀的作用。智能开关被广泛应用于家居智能化改造、办公室智能化改造、工业智能化改造、农林渔牧智能化改造等多个领域,极大节约了能源,提高了生成效率和降低了运营成本。

1. 主要参数

(1) 额定电压:指开关在正常工作时所允许的安全电压,加在开关两端的电压大于此值,会造成两个触点之间打火击穿。

(2) 额定电流:指开关接通时所允许通过的最大安全电流,当超过此值时,开关的触点会因电流过大而烧毁。

(3) 绝缘电阻:指开关的导体部分与绝缘部分的电阻值,绝缘电阻值应在 100MΩ 以上。

笔记

(4) 接触电阻：指开关在开通状态下，每对触点之间的电阻值。一般要求0.1～0.5Ω以下，此值越小越好。

(5) 耐压：指开关对导体及地之间所能承受的最高电压。

2. 智能开关

智能开关的选购方法，如表4-1所示。

表4-1　开关的选购方法

方　法	说　　明
眼观	一般好的产品外观平整，无毛刺，色泽亮丽，并采用优质ABS+PC材料，阻燃性良好，不易碎
手按	好的产品面板，用手不能直接取下，必须借助规定的专用工具。选择时用食指、拇指分按面盖呈对角式，一端按住不动，另一端用力按压
耳听	轻按开关功能键，开关操作时，声音轻微、手感顺畅、节奏感强，则质量较优
看结构	① 常家装中常用的开关有两种结构，分别是滑板式和摆杆式。滑板式结构开关手感更加柔和舒适，摆杆式结构开关有稍许金属撞击感。摆杆式结构开关在消灭电弧方面比滑板式结构开关更稳定，在使用寿命方面也更长，制作工艺相比之下也更成熟。 ② 双孔压板接线较螺钉压线更安全
比选材	开关触点为纯银，导电能力强，发热量低，安全性能高。若触点采用铜质材料，则性能大打折扣
看标识	市场上常用的家庭用开关的额定电流为10A
认品牌	名牌产品经时间、市场的严格考验，是消费者心目中公认的安全产品，无论是材质还是品质均严格把关，包装、运输、展示、形象设计各方面均有优质的流程
看版本	根据家里面的预留布线选择，单火版智能开关或者零火版智能开关
看平台	不同厂家的智能开关运用的云平台是不同的，需要根据自己想用的平台进行选择

3. 智能开关电路

国内220V电网市电有两根线：一根火线(符号L，标准颜色为红色或棕色)和一根零线(符号N，标准颜色为黑色、蓝色或者冷色)，此外为了保护人身安全，有些电器(如洗衣机、电冰箱等)加设了一条保护地线(符号E，标准颜色为黄绿相间)，如图4-18所示。

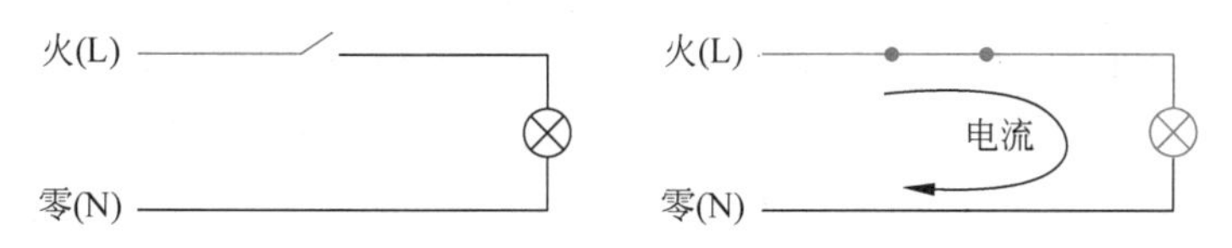

图4-18　火线、零线接法示意图

笔记

当用电器同时接入火线和零线时，就会形成电流，用电器正常工作。图 4-19 所示是一个简单的开关、灯泡电路。当开关断开时，灯泡实际只连接了一条线，没有电流，灯不会亮；当开关闭合时，电流流过灯泡，电灯发光。

开关的控制原理与选购

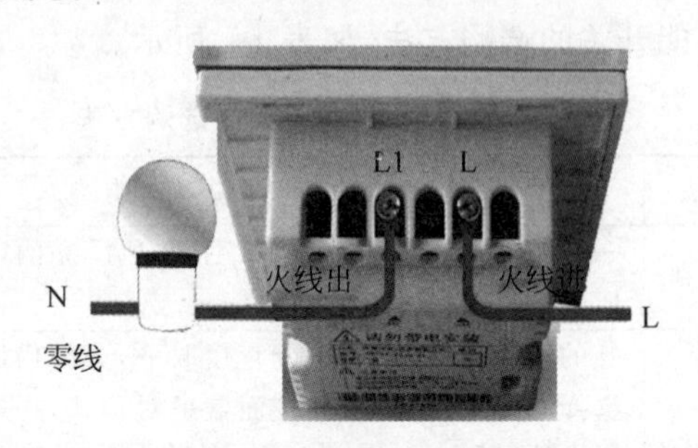

图 4-19 单火线 ZigBee 智能开关

对于智能开关(遥控或触摸)，内部有一套精密的继电器控制电路，取代了手动操作的机械结构来控制线路的通断，如图 4-20 所示。

智能开关的安装与控制

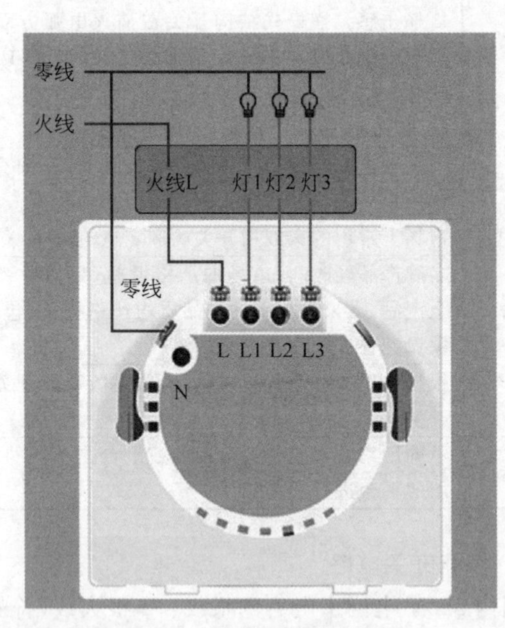

图 4-20 智能开关控制电路

电磁继电器是智能开关的核心部件，它使用小电流来控制大电流，从而实现对智能开关的控制。电磁继电器主要由电磁机构和触点组成，有直流电磁继电器和交流电磁继电器两种。在电磁继电器线圈两端加上电压或通入电流，产生电磁力，当电磁力大于弹簧反力时，吸动衔铁使常开、常闭触点动作；当线圈的电压或电流下降或消失时，衔铁释放，触点复位，其内部机构如图 4-21 所示。

笔记

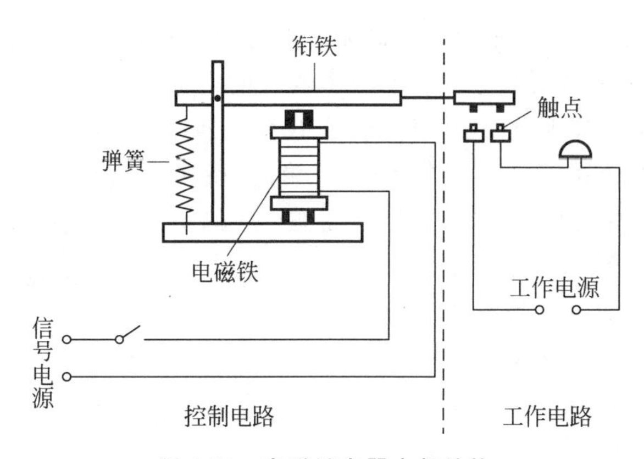

图 4-21 电磁继电器内部结构

4. 智能开关入网与验证

(1) 手机接入 2.4GHz 频段的 Wi-Fi 网络，下载与该智能开关配套的云平台 App 并注册/登陆。

(2) 确保 ZigBee 网关已成功配网，且开关在网关的网络有效覆盖范围内。

(3) 打开 App，在“智能网关”页面点击“添加子设备”按钮，选择“开关”。

(4) 长按开关的任意键 10s 以上至指示灯闪烁，进入配网模式。

(5) App 中点击“确认指示灯闪烁”进入配网模式。

(6) 添加成功后即可在“我的家”列表中找到设备。

教学活动：讨论

智能开关有什么优势？

4.4 智能插座

智能插座

4.4.1 智能插座的种类

智能插座通俗地说是节约用电量的一种插座，到目前为止其应用已经比较广泛。智能插座的理念很早之前就已经生成，但是其技术还有待于进步。有的高档智能插座不但节电，还能保护电器，可透过 Wi-Fi、蓝牙等方式与手持装置联结，主要功能为远端开关和语音操控。目前无线智能插座主要有 Wi-Fi 无线智能插座和 ZigBee 无线智能插座两种。

1. Wi-Fi 无线智能插座

Wi-Fi 无线智能插座是利用家庭中的 Wi-Fi 网络，让智能手机在联网条件下，通过手机实现远程控制插接在它上面的家用电器。

笔记

由于智能插座能够做到让电器完全断电,所以,对于电视机、空调、电热水器、电取暖器等一系列功率较大的电器来说,能做到随用随开,节约电费。除此之外,Wi-Fi 无线智能插座支持实时状态反馈,将电器工作状态实时反馈到客户端,支持多个定时任务的设置。手机客户端还可以对多个智能插座进行同时控制,使生活更加便利。

2. ZigBee 无线智能插座

ZigBee 无线智能插座通常指内置 ZigBee 模块,通过智能手机客户端实时或定时接通、切断插入在智能插座上的家用电器电源,节能高效,安全可靠,如图 4-22 所示。

图 4-22 无线智能插座

4.4.2 智能插座的优势

通常,普通插座在移动设备用电充满的情况下,直接拔出插头会产生电弧,一不小心就有触电的危险。而智能插座在插拔的过程不会产生电弧(不打火),确保了人身安全,同时给人们的生活带来便利,特别适用于有儿童的家庭。

由于智能技术和常无电形势的应用,智能插座既能够确保用电的安全性,还真正实现了产品的人性化。让我们的生活更加便捷,同时有效地提高了我们的生活质量。

智能插座还可以消除电器的待机能量损耗,为家庭和企业减少用电开支,同时为国家节省大量的电能。除此之外,还大大减少了碳排放量,减少大气污染,真正实现了绿色环保,如图 4-23 所示。

图 4-23 绿色环保概念

笔记

4.4.3 智能插座安装接线的工艺流程

智能插座安装接线的工艺流程为清理→接线→安装与固定。

(1) 清理。用錾子轻轻将预埋底盒内残存的灰块剔掉,同时将其他杂物一并清出底盒,再用湿布将盒底内的灰尘擦净。

(2) 接线。接线的一般规定如下。

① 同一场所开关的切断位置应一致,且操作灵活,接点接触可靠。

② 电器、灯具的相线应经开关控制。

③ 多联开关不允许拱头连接,应采用LC形压接帽压接总头后,再进行分支连接。

④ 先接开关的相线,再连接控制线端,插座的安装顺序为相线、零线、地线。

⑤ 连接多联开关时,一定要有逻辑标准,或者按照灯方位的前后顺序,一个一个渐远。

(3) 安装与固定。安装的插座应牢固,位置正确,盖板端正,表面清洁,紧贴墙面,四周无缝隙,同一房间开关或插座高度一致,地插座面板与地面齐平或紧贴地面,盖板固定牢固,密封良好。

教学活动:小组PK赛

分小组对某智慧家庭样板间(如重庆鱼洞华熙公寓照明项目)中的智能开关和智能插座进行安装与配置。

4.5 家庭照明灯光控制

4.5.1 家庭照明的基本要求

家庭照明在家居生活中占据很重要的一个版块,除了满足基础的照明需求之外,不同层级的灯光设计还起到营造氛围以及满足特定区域照明的需求。家庭照明(图4-24)的基本要求如下。

(1) 合适的照度。首先要符合国家颁布的照度标准,保证各室内空间有合适的照度。不同房间的照明要求是不一样的,需要有针对性地设计,比如起居室(客厅),在这里要接待客人,家人聚会,还要兼顾工作和学习的需要,照度应稍高;而作为睡眠处的卧室,照度应较低,才便于休息。

家庭照明灯光设计的基本要求和灯光控制

(2) 安全性。在照明设计及施工中,照明灯具和线路布置要保证绝对安全,特别是老人房、儿童房,插座和开关应安装在不易触及的地方。厨房的灯具要注意防护,卫浴室的灯具要注意防潮。

笔记

图 4-24 家庭照明

(3) 经济性。节能与减排是人类走可持续发展道路的重要措施。进行室内照明设计必须考虑节能与减排的要求,应选用光效高、耗电少、寿命长的照明灯具。由于白炽灯耗电大、寿命短,今后在住宅光照中,应该避免使用。

(4) 避免强光直照。要避免眼睛直接接触强烈光线产生刺眼等不舒服的感觉,还要避免灯光造成阴影。光影虽然能制造美感,但处理不当会造成奇异光线,形成错觉,以致发生意外。

(5) 要设法利用照明方式、灯具及光色的种类,营造环境气氛和改善空间观感,不同的光照冷暖色调,给人感觉是不一样的,亮度的大小也影响到人们对于整个房间的空间感。

4.5.2 智能灯光系统的功能

智能灯光系统能够实现对灯光的自动化控制,如家庭影院的放映灯光、晚宴灯光、聚会灯光、读报灯光,根据外界光线自动调节室内灯光,根据不同时间段自动调节灯光。

灯光场景控制模式:通过对智能开关的组合学习,可以对家庭单元的各个房间定义个性化的灯光场景。

联动控制:灯光、电器(空调器)、电动窗帘三者的控制可以通过场景控制模式联动,如门磁可以设定与灯光、窗帘、电器等设备的联动工作(回家开门后,灯光打开、窗帘开启、空调器开启等联动工作)。

灯光的控制模式主要有以下几种。

(1) 手动控制。保留所有灯及电器的原有手动开关,不会因为局部智能设备的故障而导致不能实现控制。

(2) 智能无线遥控。一个遥控器可对所有灯光、电器及安防设备进行智能遥控和一键式场景控制,实现全宅灯光及电器的开关和临时定时等遥控以及各种编址操作。

(3) 一键场景控制。一键实现各种情景灯光及电器组合效果,可以用遥控器、智能开关、计算机等实现多种模式。

(4) 手机远程控制。可以实现用手机远程控制整个智能住宅系统以及实现安防系统的自动电话报警功能，无论用户身在何处，只要一个手机就可以随时实现对住宅内的所有灯及电器的远程控制。

(5) 事件定时控制。通过多个智能设备互相感应，触发事件进行相应的电器控制。

教学活动：讨论

你认为家庭照明要注意哪些地方？

习题

1. 什么是网关？

2. 家庭网关都有哪些类型？

3. 家庭网关都有哪些优势？

4. 什么是继电器控制？

笔记

笔记

5. 什么是智能插座?

6. 家庭照明有哪些基本要求?

7. 家庭灯光的控制模式有哪几种?

第5章 智能场景面板和智能电动窗帘

笔记

教学目标

知识目标

1. 掌握 RFID 技术的概念。
2. 掌握智能场景面板的概念。
3. 掌握智能电动窗帘的组成。
4. 了解电动推窗器的类型。

能力目标

1. 了解智能家居家庭影院系统。
2. 能通过智能场景面板连接网络设备。
3. 掌握红外万能遥控器的入网与验证。
4. 掌握电动窗帘的入网与验证。
5. 能通过场景面板连接窗帘电机。
6. 了解电动窗帘的优点及选购方法。

素质目标

1. 培养学生的责任担当与艰苦奋斗的精神。
2. 培养学生的敬业精神。
3. 培养学生积极主动、勤劳勇敢、实事求是的实干精神。
4. 培养学生的团队协作、学无止境的追求精神。

5.1 智能场景面板

智能场景是现在智能家居最大的看点之一,“无场景不智能”是业内常说的一句话,什么是智能场景呢?所谓智能场景就是将你做一个事情的所有动作串联起来,一次性完成。这就需要用到智能场景面板了。

笔记

5.1.1 RFID 物联网技术

RFID 物联网技术是对要监控与管理的“物”嵌入 RFID 智能标签,结合已有的网络技术、数据库技术、中间件技术等,构筑由大量联网的读写器和无数移动的电子标签组成的物联网。这个体系除了 RFID 技术外还包括条码技术和二维码技术等,主要用来标识物体。标签进入磁场后,接收解读器发出的射频信号,凭借感应电流所获得的能量发送出存储在芯片中的产品信息(passive tag,无源标签或被动标签),或者由标签主动发送某一频率的信号(active tag,有源标签或主动标签),解读器读取信息并解码后,送至中央信息系统进行有关的数据处理。

RFID 射频识别技术

一套完整的 RFID 物联网系统是由阅读器(reader)与电子标签(tag)也就是所谓的应答器(transponder)及应用软件系统三个部分所组成,其工作原理是阅读器发射一个特定频率的无线电波能量给应答器,用以驱动应答器电路将内部的数据送出,此时阅读器便依序接收解读数据,送给应用程序做相应的处理。

以 RFID 卡片阅读器及电子标签之间的通信及能量感应方式来看,RFID 大致上可以分成:感应耦合(inductive coupling) 及后向散射耦合(backscatter coupling)两种。一般低频的 RFID 大都采用第一种式,而较高频的 RFID 大多采用第二种方式。

根据使用的结构和技术不同,阅读器可以是读或读/写装置,是 RFID 系统信息控制和处理中心。阅读器通常由耦合模块、收发模块、控制模块和接口单元组成。阅读器和应答器之间一般采用半双工通信方式进行信息交换,同时阅读器通过耦合给无源应答器提供能量和时序。在实际应用中,可进一步通过以太网或无线局域网等实现对物体识别信息的采集、处理及远程传送等管理功能。应答器是 RFID 系统的信息载体,目前应答器大多是由耦合原件(线圈、微带天线等)和微芯片组成的无源单元。

教学活动:讨论

想一想在生活中哪些地方用到了 RFID 物联网技术?

5.1.2 智能场景面板的概念

智能场景控制面板是一款可以用在需要进行调光控制、场景控制等场所(如酒店、会所、博物馆、体育馆、办公大楼、住宅、教室等)的设备。例如,你晚上想在家看场电影,可能需要完成关卧室、走廊、厕所的灯,关窗帘,关卧室空调,放下荧幕,开客厅情景灯,开卧室空调等一系列动作,有了智能场景面板,你只要一个按键就搞定了。

笔记

案例导入

走入客厅，轻按“影片”场景键，预设的灯关闭，辅助照明灯自动开启并调暗到预设亮度，同时影碟播放设备自动开机，电动投影幕自动拉下，投影仪启动，开始欣赏影片，一个半小时后，影片播放完，准备沐浴，进入卫生间，灯光自动感应开启，背景音乐开启并自动播放，沐浴完毕，按下“就寝”场景键，卧室预设灯光场景开启，卧室窗帘自动拉上，同时卫生间灯光自动关闭。进入卧室，准备看一下时尚杂志，轻按“阅读”场景键，“阅读”灯光开启；“阅读”完毕，准备休息，轻按“休息”场景键，所有预设关的灯光及电器全部关闭，窗帘关闭，安防系统进入“休息”布防状态。

当晚上起夜时，轻按“起夜”场景键，卧室灯光开始慢慢亮起，这样既能保护眼睛免受刺激，又延长了灯泡的寿命，同时从卧室到卫生间的沿路灯光开启，沿路的安防系统自动撤防，当起夜完后，直接按“休息”场景键，灯自动关闭，安防系统自动再次进入“休息”布防状态，如图 5-1 所示。设备列表如图 5-2 所示。规格参数如下。

通信方式：ZigBee。

毛重：0.19kg。

额定电压：100～250V。

是否含电池：否。

图 5-1 安防系统模式示意图

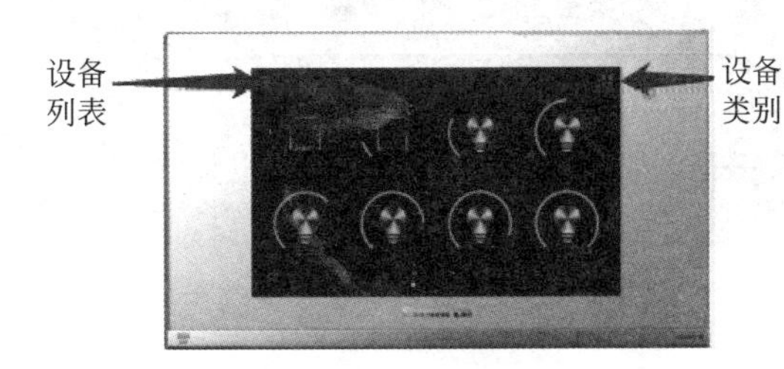

图 5-2 设备列表

笔记

5.1.3 智能场景控制面板的四大功能

1. 多种场景模式一键控制

消费者家居生活中不外乎这六大生活场景：起床场景、离家场景、回家场景、会客场景、用餐场景、睡眠场景，通过智能场景控制面板，能够让这六大场景模式一键操控。

场景面板的控制联动

2. 手动/远程遥控功能

用户可以手动控制或者通过智能遥控器、智能手机，对智能场景控制面板进行远程控制，同时相关操作结果会及时反馈到消费者的移动控制终端，让消费者无论何时何地都能够控制家中的智能设备。

3. 高效节能

智能场景控制面板属于节能化智能家居产品，具有灯光亮度的强弱调节、各个场景模式启动、定时控制、开关设置的功能，其节能效果十分显著。

4. 查询功能

消费者可以通过移动智能控制终端对智能场景控制面板的“开关状态”“运行状态”等实时情况进行查询。智能场景控制面板具备高灵敏电容触摸式按键，支持起床、休息、睡眠、用餐等多种情景模式及一键全开、全关，适用于普通公寓、花园洋房、别墅、写字楼等多种场所，是智能化生活必不可少的一类产品，如图 5-3 所示。

图 5-3 智能控制面板场景选择

笔记

5.1.4　智能场景面板的安装与入网

1. 安装

场景面板的入网与设置

(1) 从产品下侧轻轻打开面板，如图 5-4 所示。

(2) 将面板背面的导线从面板上面拔离。

(3) 依照接线图进行接线，如图 5-5 所示。

(4) 用附件包里的螺丝将智能控制面板底座固定在接线盒内，如图 5-6 和图 5-7 所示。

(5) 将导线插接在面板背面的插座上。

(6) 将拆离的面板扣回到智能触控面板主体上。

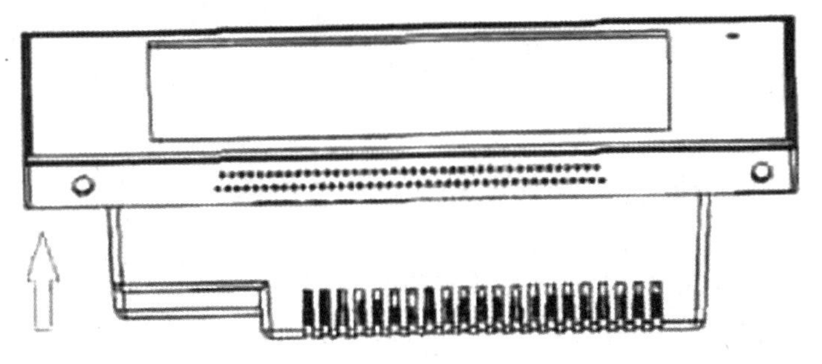

图 5-4　打开面板

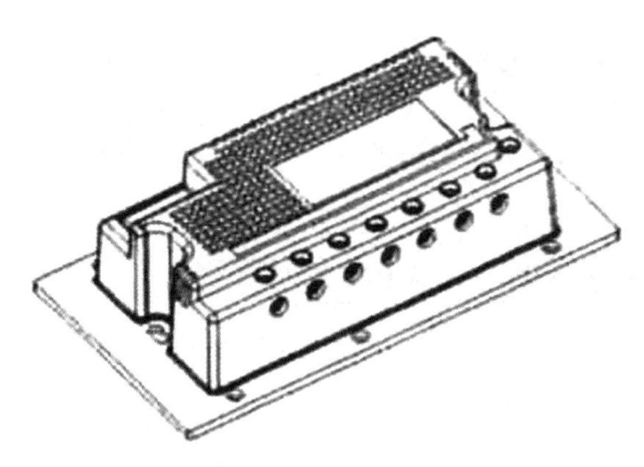

图 5-5　接线图

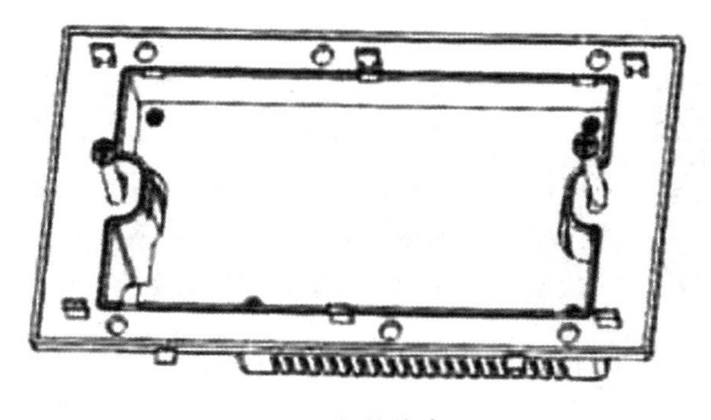

图 5-6　接线盒

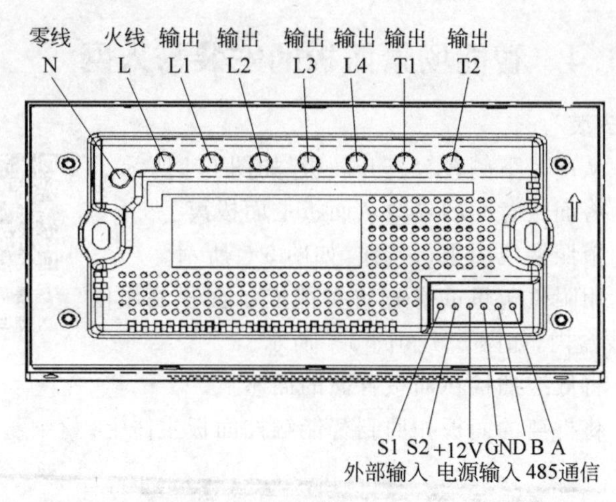

图 5-7　接线盒线脚图

2. 入网

(1) 手机接入 2.4GHz 频段的 Wi-Fi 网络,下载 App 并注册/登录。

(2) 确保 ZigBee 网关已成功配网,且产品在网关的网络有效覆盖范围内。

(3) 打开 App,在“智能网关”页面点击“添加子设备”,选择“场景开关”。

(4) 长按配网按键 10s 及以上,当面板中心显示无信号时,点击“下一步”。

(5) 根据手机界面提示进行进一步操作,配网成功后,面板中心出现信号指示。

教学活动:小组 PK 赛

分小组进行智慧家庭样板间照明项目中智能场景面板的安装与配置。

5.2　智能家居家庭影院系统

智能家居家庭影院系统

随着社会经济的发展,智能型家庭影院越来越普及。一个好的家庭影院除了与音箱效果有关外,还与家庭影院的声学装修设计有关,二者相辅相成,才能成为一个好的家庭影院。家庭影院系统融合了现代视频技术、音频技术、声学处理技术和物联网技术等。

5.2.1　家庭影院系统的组成

家庭影院由音频系统与视频系统两大块组成,音频系统包括

DVD影碟机、AV功率放大器、多声道音响；视频系统由智能中控主机、高清投影机与投影幕组成，也有客户使用大屏幕高清电视机代替。家庭影院的配置应包括以下设备：5.1声道或7.1声道音箱、AV功率放大器、蓝光播放机或DVD影碟机、投影机、投影幕及中控系统等，如图5-8所示。

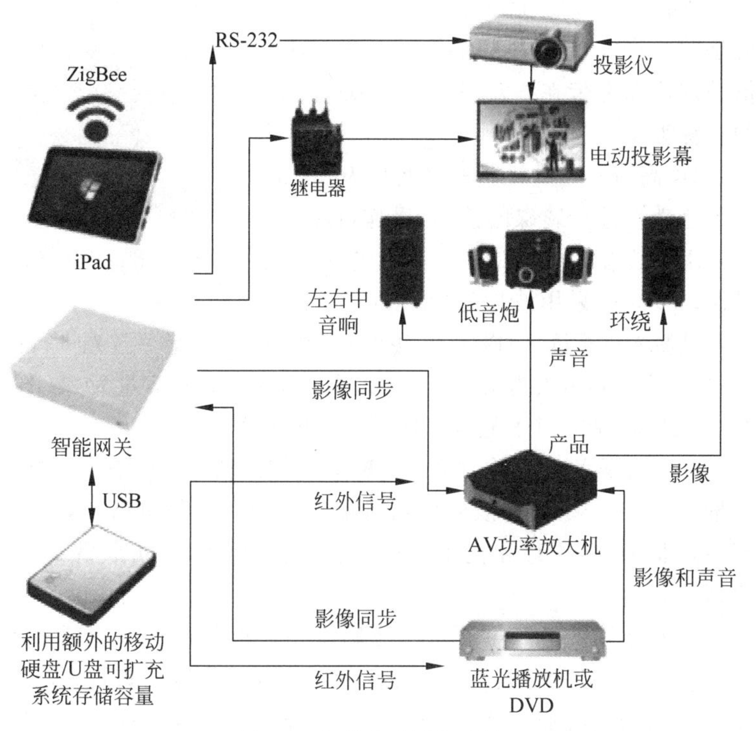

图5-8 智能家庭影院系统

5.2.2 家庭影院系统组件

1. 智能中控主机

通过智能中控主机对播放机、投影仪、幕布、音响进行语音和远程等智能控制。智能中控主机如图5-9所示。

2. 高清影片播放机

目前在家庭影院中播放高清影片，一般采用高清数字电视机顶盒、4K[①]超高清蓝光播放机和影库播放机。

高清数字电视机顶盒用于将卫星、有线和地面传输的高清数

① 4K高清晰是指物理分辨率达到3840像素×2160像素，即横向每英寸有3840像素，纵向有2160像素，其总像素超过了800万，2K高清电视的分辨率为1920像素×1080像素，4K超高清的分辨率是2K的4倍，观众能看清画面中的每一个细节和每一个特写，拥有身临其境的观感体验。国际电信联盟(ITU)发布的超高清(ultra high definition，UHD)标准建议，将屏幕的物理分辨率达到3840像素×2160像素及以上的显示称为超高清即4K电视，将分辨率达到1920像素×1080像素的显示称为全高清即2K电视。

笔记

笔记

字电视信号进行传送,包括信道解调、信源解码、数码流转换、D/A 转换和视频编码等视频信号处理过程,再送到高清电视接收机,成为用户收看的电视节目。节目内容由服务商提供,这是目前家庭通过电视观影最常用的方式。这种方式有一个弊端,就是服务商不提供视频的源头,用户只能依赖网速和宽带在线观看,且 1080P 和 4K 的资源很少。

图 5-9 智能中控主机

4K 高清蓝光播放器采用波长为 405nm 蓝紫色激光进行影碟的读/写操作(DVD 光碟采用波长为 650nm 的红色激光进行读/写操作,CD 光碟采用波长为 780nm 的近红外不可见激光进行读/写操作)。用波长 405nm 的蓝紫色激光进行读/写,能使光碟容量大为增加,一个单层的蓝光光碟的容量为 25GB 或 27GB,足够录制一个长达 4 小时的高清晰影片。

2018 年索尼公司推出首款 4K 蓝光播放器 UBP-X700,2019 年又推出了 UBP-X800,该播放器可以对图像和视频进行 4K 升级,即使是非 4K 的图像和视频,通过此播放器播放,也可欣赏到非常清晰的画面。

影库播放机是专门针对家庭影院用户所打造的专业播放器,它不仅拥有 4K 的分辨率,还具有 HI-FI 音质的输出表现,如苏州艾美公司的艾美影库 MS-300、威动科技公司威动影库 V6。艾美影库采用先进的院线同步播放技术,配合专利传输技术和加密算法,保证系统以超低功耗连续平稳运行,同时该系统预装近 500 部正版高清电影,满足用户观看的需求。

3. 高清投影机

高清投影机是一种可以将图像或视频投射到幕布上的设备,可以通过不同的接口与蓝光影碟机、高清数字电视机顶盒等相连接并播放相应的高清视频信号,如投影机 W11000 采用 DLP 高阶显示芯片,辅以先进的图像处理算法,可在 3840 像素×2160 像素的分辨率下完整显示 830 万有效像素,如图 5-10 所示。

图 5-10 高清投影机

笔记

4. 投影幕

1）基本参数

投影幕是用来显示高清图像和视频的工具，如图 5-11 所示。在选购家庭影院投影幕时，会发现几乎所有品牌的家庭影院投影幕都会给出两个基本的光学参数：增益和可视角度。这两个参数会直接影响投影画面的成像品质，是家庭影院投影幕的两个关键因素。

图 5-11 投影幕

（1）增益。用来衡量幕布反射投影光线效率的物理量。它的制定是非常严格的，首先以镁碳酸盐涂布料作为标准参考涂料，在中心视角测量其反射光的光强量 A，并设定 A 为标准参照值。然后将投影幕在相同条件下的测量结果定为 B，B/A 的值就是投影幕的增益值。通常情况下，增益为 1 的投影幕属于完全漫反射的投影幕，能把各个方向投射进来的光线均匀扩散出去，拥有极为广阔的可视角度。由于观看习惯的问题，人们通常称增益在 1.5 以下的投影幕为低增益投影幕，1.5 以上的投影幕为高增益投影幕。

（2）可视角度。与增益息息相关，同样是衡量投影幕特性的概念，也是与投影幕反射光强度紧密相连的参数。可视角度根据观看位置的不同可以分为水平可视角度与垂直可视角度。一般情况下，由于我们观看的时候垂直视角上的变化不大，因此通常着重强调水平视角的范围。在水平视角方面又可以分为最大可视角度、半值视角、1/3 视角。最大可视角度是屏幕反射光衰减到 0 时与峰值位置之间的夹角；半值视角为屏幕反射光衰减到一半时与峰值位置之间的夹角；1/3 视角为屏幕发射光衰减到 1/3 时与峰值位置之间的夹角。大部分高端的投影幕厂家都会给出半值视角的大小，半值视角范围可以认为是最佳的观赏区域。

2）增益与可视角度的关系

两者关系是相对的，增益越小，可视角度越大。相反，增益越大，可视角度越小。例如，增益为 1.0 的投影幕能将入射光均匀地向各个方向反射，从不同角度观看都能得到同样的光强度值，而高

笔记

增益的投影幕只会向轴向区域集中反射，偏离了这个区域，光强度值会急速下降。当投影机本身的输出亮度不能满足大尺寸投影幕的观看要求或者观看 3D 投影时，都需要使用较大增益的投影幕，这时只能牺牲可视范围。

3）最佳观看距离

目前家庭影院市场上最流行的三种显示比例的投影幕分别是 16∶9、4∶3 以及 2.35∶1，其中 16∶9 已经成为主流。这主要是因为 16∶9 已经成为高清电视以及部分电影的显示规格，更为重要的是绝大部分家庭影院投影机的显示芯片都是采用 16∶9 显示比例的规格。观看 16∶9 高清节目时的观看距离与投影幕的宽度之比为 1.37～1.69，取平均值是 1.5。不过 1.5 只是理论值，在实际过程中，还需要考虑一定的主观因素。人在观看投影幕上的物体时，对眼睛负担最大的是水平方向上物体左右移动的影像。离投影幕的距离越近，人的视觉感受就越强烈，但眼球左右运动的频率相对变得越快，幅度也越大，对眼睛的负担就更重。如果这种负担超过一定限度，就会引起眩晕、呕吐等严重的生理不适。因此，用户首先选择 1.5 倍屏幕宽度的距离观看，若无不良反应就向前移动；如果感觉不适，那么就需要向后移动，直到没有眩晕感为止。若在 1.5 倍屏幕宽度的距离下无法放置座位，就要缩小投影幕的尺寸，以达到 1.5 的标准，再进行自我测试及调整，最终获得最佳的观看距离。

4）投影幕的分类

根据幕料本身的颜色来分有白幕与灰幕两大类。按照材质来分，有纺织物类、塑料类与金属类等。针对不同的环境与使用要求，应选择合适的幕料。在遮光完善同时搭配使用性能较强的全高清家庭影院投影机的情况下，白幕是不错的选择。因为白幕的增益为 1.0，不会受到较窄的可视范围的限制，再加上白幕本身具备准确的色彩还原能力，能够充分体现出投影机本身的性能，不会改变色彩平衡，不会影响黑白过渡。如果遮光条件不佳，用灰幕是不错的选择。

5. AV 功率放大器

AV 功率放大器是用于增强多声道信号功率以驱动音箱发声的一种家用电器。不带信号源选择、音量控制等附属功能的功率放大器简称为后级。AV 功率放大器是家庭影院系统中的核心设备，如图 5-12 所示。

AV 功率放大器主要包括信号源的选择、信号处理和多声道功率放大等部分。信号源选择器可以选择输入信号源，信号源可以是录像机、影碟机、电视机或其他节目源，如图 5-13 所示。图中，杜比定向逻辑是由美国杜比实验室发明的一种特殊的声场编码技

笔记

(a) 正面

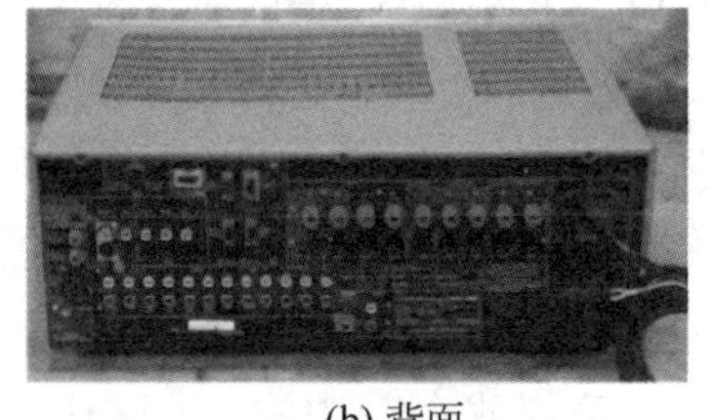
(b) 背面

图 5-12 AV 功放率放大器

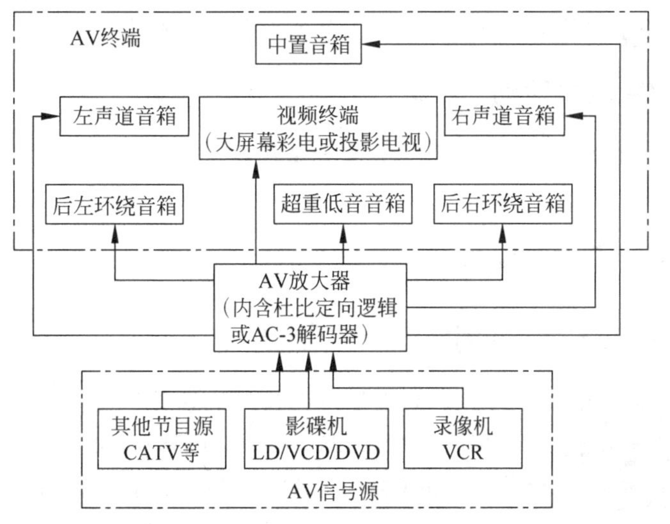

图 5-13 AV 功放组成框图

术。该技术把声场信息归纳为左、中、右、环绕 4 个信息，然后通过特定的编码技术使之合成双声道，演播时通过解码器把双声道重新还原成 4 个信息进行重放，称 4-2-4 编码技术，还被其爱好者称为 4 声道环绕系统。杜比是英国 R. M. DOLBY 博士的中译名，他在美国设立的杜比实验室先后发明了杜比降噪系统、杜比环绕声系统等多项技术，对电影音响和家庭音响产生了巨大的影响。

家庭影院 AV 功放至少具有前置左、右两声道主功率放大器和一个后声道功率放大器，完善的 AV 放大器设有 4～9 路功率放大器。主声道每路输出功率在 80W 以上。

环绕声道的每路输出功率一般为 20～40W。超低音功放的输出功率在 80W 以上。一般来讲，9～15m^2 的视听室选择主声道额定输出功率为 40～80W(每声道)的 AV 放大器即可；15～20m^2 的视听室可选择主声道输出功率为 50～100W 的 AV 放大器；20m^2 以上的视听室应选择主声道输出功率为 80～200W 的 AV 放大器。

6. 音箱

音箱是家庭影院中的音频扩声设备，常见的有 5.1 声道和 7.1

笔记

声道。其中,1 代表的都是低音炮,而 5 和 7 则代表声道数量。以 5.1 为例,这 5 个音箱又分为左声道音箱、右声道音箱、中置音箱、左环绕音箱、右环绕音箱。其中左、右声道称为主音箱,左、右环绕称为环绕音箱。放置时要注意成对地连接,也就是前左、前右为一对,后左、后右为一对。两个前置音箱应放在显示器的两侧,而中置音箱则放在最中央,并且让中置音箱和两个前置音箱处于同一直线上。两个环绕音箱则面对面放在观影位置两侧偏后的位置,这样比较容易获得更好的声音重放效果。高音音箱摆在高处,低音音箱摆在低处。通常这 5 个音箱都与低音炮相连。

教学活动:讨论

谈谈搭建一个家庭影院需要什么设备?

5.3 万能遥控器

5.3.1 万能遥控器发展历史

万能遥控器

1898 年,有据可考最早的遥控器是一个叫尼古拉·特斯拉(Nikola Tesla)(1856—1943)的发明家开发出来的(美国专利 613809 号),叫作 Method of and Apparatus for Controlling Mechanism of Moving Vehicle or Vehicles。

1950 年,最早用来控制电视的遥控器是美国一家叫 Zenith 的电器公司(这家公司现在被 LG 收购了)发明出来的,一开始遥控器是有线的。1955 年,该公司发展出一种被称为 Flashmatic 的无线遥控装置,但这种装置没办法分辨光束是否是从遥控器而来,而且必须对准才可以控制。

1956 年,罗伯·爱德勒(Robert Adler)开发出称为 Zenith Space Command 的遥控器,这也是第一个现代的无线遥控装置,它利用超声波调频道和音量,每个按键发出的频率不一样,但这种装置可能会被一般的超声波所干扰,而且有些人及动物(如狗)能听到遥控器发出的声音。

1961 年,RCA Victor 生产了第一款无线遥控器,它功能齐全,与现在的电视机遥控器基本功能相似,包含色彩、亮度、声音、频道切换和调谐功能,还包含远程开/关机,外观也很简洁。

20 世纪 80 年代,发送和接收红外线的半导体装置开发出来后,慢慢取代了超声波控制装置。后来即使其他的无线传输方式(如蓝牙)持续被开发出来,这种科技仍持续广泛被使用。

2007—2020 年,索尼率先在其 BRAVIA 系列中开始采用新型

笔记

的 RF 射频遥控器，预示着未来进入 RF 射频遥控器领域的无线通信标准。RF 射频遥控器改变的并不只是物理层介质，是以物理层的变更为开端，遥控器的形状、按钮种类、控制对象的种类等各个方面都可能发生改变。

5.3.2　万能遥控器定义

万能遥控器是一种无线发射和接收装置，它能解码各种遥控器红外信号，能将接收到的红外信号进行存储，能发送红外信息，如常见的空调万能遥控器、电视机万能遥控器、机顶盒万能遥控器、DVD/VCD 遥控器、六合一万能遥控器等。

万能遥控器主要由形成遥控信号的微处理器集成芯片、晶体振荡器、放大晶体管、红外发光二极管、红外接收二极管以及键盘矩阵、存储器等构成，如图 5-14 和图 5-15 所示。

图 5-14　万能遥控器外形

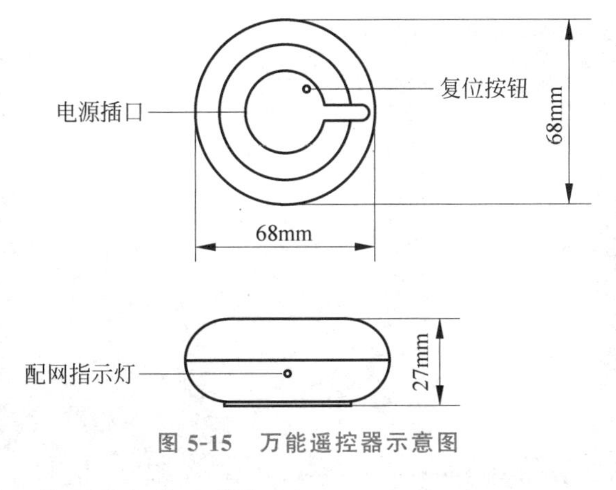

图 5-15　万能遥控器示意图

万能遥控器的规格参数如下。

电源输入：DC 5V/1A（Micro USB2.0）。

工作温度：−10～50℃。

工作湿度：＜85％RH。

连接方式：Wi-Fi，2.4GHz。

App 支持：Android 4.0/IOS 8.0 及以上。

笔记

市面上95%以上家电设备均采用红外线遥控,其工作原理如下。

人的眼睛能看到的可见光按波长从长到短排列,依次为红、橙、黄、绿、青、蓝、紫。其中,红光的波长范围为0.62～0.76μm,紫光的波长范围为0.38～0.46μm。比紫光波长还短的光叫紫外线,比红光波长还长的光叫红外线。万能遥控器遥控就是利用波长为0.76～1.5μm的近红外线来传送控制信号的。

常用的红外线遥控器一般分发射和接收两部分:发射部分的主要元件为红外发光二极管,它实际上是一只特殊的发光二极管,其内部材料不同于普通发光二极管,在其两端施加一定电压时,它便发出红外线。大量使用的红外发光二极管发出的红外线波长为940nm左右,外形与普通发光二极管相同,只是颜色不同,红外发光二极管一般有黑色、深蓝、透明三种颜色。红外万能遥控器如图5-16和图5-17所示。

图 5-16 红外万能遥控器 1

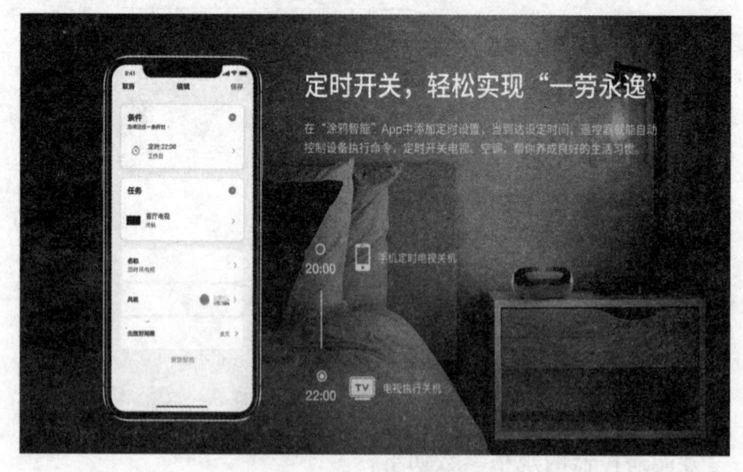

图 5-17 红外万能遥控器 2

5.3.3 红外万能遥控器的入网

步骤1:手机接入2.4G Wi-Fi网络,下载App并注册/登录。

步骤2:将遥控器连接电源,并确保与手机处于同一个Wi-Fi

笔记

网络的有效范围内。

步骤 3：打开智能 App 在“我的家”页面点击右上角的“＋”按钮手动或自动添加设备。

步骤 4：长按遥控器机身上的复位按钮 5s 以上至指示灯闪烁，按照 App 说明添加设备。

教学活动：小组 PK 赛

分小组进行智慧家庭样板间照明项目中红外万能遥控器的入网操作。

5.4　智能电动窗帘

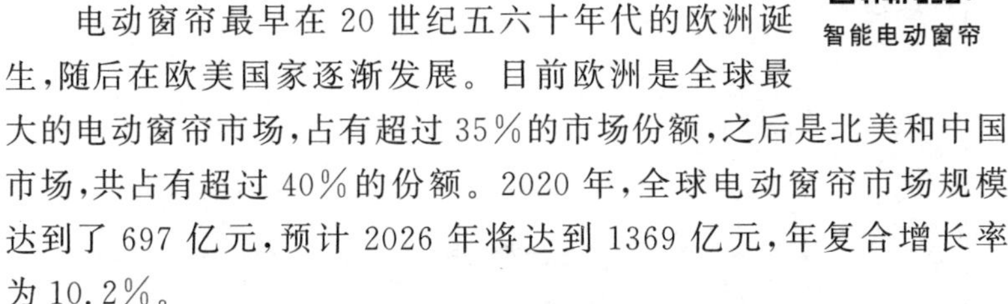
智能电动窗帘

电动窗帘最早在 20 世纪五六十年代的欧洲诞生，随后在欧美国家逐渐发展。目前欧洲是全球最大的电动窗帘市场，占有超过 35％的市场份额，之后是北美和中国市场，共占有超过 40％的份额。2020 年，全球电动窗帘市场规模达到了 697 亿元，预计 2026 年将达到 1369 亿元，年复合增长率为 10.2％。

电动窗帘是智能家居系统中不可或缺的组成部分。当前，电动窗帘行业尚处于市场发展的新兴阶段，电动窗帘电机主要按照国家小家电的相关标准制造。目前与电动窗帘相关的标准集中于节能、遮阳与环保等领域。在产品制造标准以外，智慧地产、智能酒店、智能办公等领域的智能化方案落地，也将推进电动窗帘的销售与应用。中国电动窗帘网从 2007 年起，每年都会在 2 月份开展电动窗帘知名品牌评选活动，并对入选企业进行系统化介绍。这一评选活动促进着国内电动窗帘行业的发展。随着生活水平的提高，消费者对产品的智能化需求越发明显，窗帘从手动到电动、电动到智能是必然趋势。地产精装、智能家居行业的快速增长推动了智能电动窗帘的发展，未来市场潜力巨大。国内电动窗帘市场经过二十年不懈努力，实现了电动窗帘产品的快速迭代，逐步由本地化控制、局部化控制向多种形态智能化控制发展。

案例导入

每天清晨，窗帘定时悄然推开，第一缕阳光洒入卧室；每晚睡前，窗帘适时关上，在暖色灯光聚焦之下，缓缓进入睡眠模式。炎炎夏日，太阳将要西晒之时，窗帘恰巧在此时关上。大雪纷飞时节，一声轻唤，窗帘合上之时，暖气同步开启，新风保持对流……你躺在床上，不想起来开/关窗帘，可以使用遥控器、App，甚至直接语音控制开/关窗帘；家中如有老人行动不便，可以教会他们语音控

笔记

制电动窗帘,让他们一起感受科技带来的幸福体验;外出忘记关窗帘,怕太阳久晒,会损坏家具,也可以直接在App远程操控家里的窗帘闭合,省力,更省心。

5.4.1 智能电动窗帘的组成

智能电动窗帘如图5-18所示。

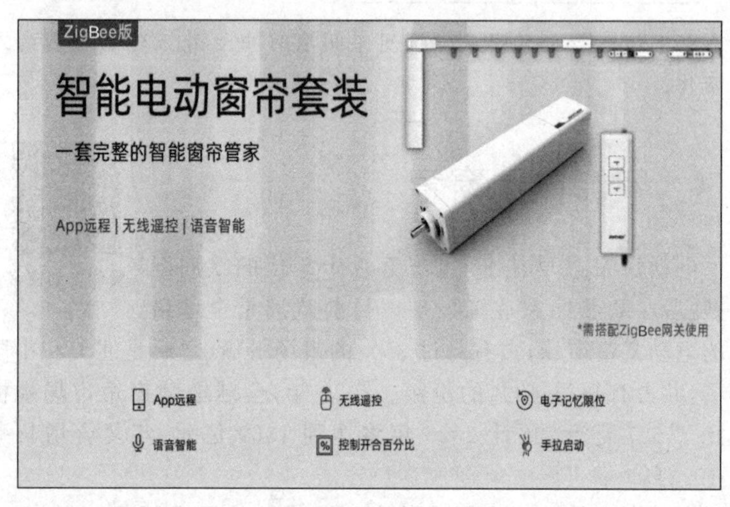

图5-18 智能电动窗帘

在一定程度上,一款智能电动窗帘的选择不仅会影响人们居住的心情,还体现着一个家庭的品位。那么,智能电动窗帘由什么组成的呢?

智能电动窗帘由三部分组成:

(1) 控制窗帘开、闭的智能控制器系统;

(2) 操作和设置主控制器的无线遥控器;

(3) 拉动窗帘的执行机构——电机和拉动机构。

主控制器控制电机的正、反转,通过滑轮拉动窗帘自动闭合或者打开。也可以使用红外遥控器遥控窗帘的开、闭,用遥控器对主控制器进行自动功能的设置,一旦设置并开启自动控制功能,主控制器将按设定功能自动完成控制。主控制器是本控制系统中的关键部分,如图5-19所示。

图5-19 主控制器

窗帘电机规格参数如下。

输入电压:AC100～240V,50/60Hz。

笔记

额定功率：40W。

扭矩：1.2N·m。

通信方式：ZigBee。

5.4.2 智能电动窗帘电机的分类

智能电动窗帘的电机按窗帘类型通常分为管状电机、开合帘电机、百叶帘电机、蜂巢帘电机和顶棚帘电机等。

电动窗帘的电机与轨道

管状电机可分为直流与交流两种类型，直流管状电机一般可内置锂电池，同时可外接太阳能电池板进行供电，带无线接收功能，扭矩较小，常用于小型卷帘。市场上比较普遍使用的电动窗帘电机产品为交流管状电机。交流管状电机主要有6N、10N、15N、30N、50N等型号，一般的升降帘只需使用30N以内扭力电机即可。

开合帘电机可分为直流与交流两种类型，可用于对开与单开的布艺窗帘，可根据自身需要，选择功能不同的开合帘电机。功能较多、使用方便的开合帘电机可适用于直线及弧型布艺开合帘，最长导轨12m，超静音设计，具有手拉启动、停电手拉、缓起缓停、中间停位功能，内置无线接收，可实现多种控制模式。

百叶帘电机可分为直流与交流两种类型，一般根据扭矩大小不同，可适用于木百叶帘、铝百叶帘等大、中、小百叶帘。它噪声小，可实现叶片翻转调光功能。

选择电机时，需要注意品牌的知名度，在一定程度上，大品牌的产品质量性能较为可靠。

窗帘电机适用规格如表5-1所示。

表5-1 窗帘电机适用规格表

规格/m	2.2	3.2	4.2	5.2	6.2	7.2	8.2
适用范围/m	<2.16	2.16～3.16	3.16～4.16	5.16～6.16	5.16～6.16	6.16～7.16	7.16～8.16
毛重/kg	3.6	4	4.6	5.5	6	6.7	7.2
净重/kg	3.1	3.5	4.1	5	5.5	6.2	6.6

电机对于智能电动窗帘是十分重要的，因此必须选购一款好的电机，在选择电机时，还要根据窗帘的种类、重量、性能要求等综合考虑，以便选择最合适的电动机。

5.4.3 窗帘盒尺寸的预留

(1) 单轨直径窗帘盒内径宽度留在10cm以上，如图5-20所示。

笔记

(2) 双轨直径窗帘盒内径宽度留在 18cm 以上,如图 5-21 所示。

图 5-20 单轨直径窗帘盒安装

图 5-21 双轨直径窗帘盒安装

(3) 单轨 L 轨电动窗帘盒内径宽度留在 15cm 以上,如图 5-22 所示。

(4) 双轨 L 轨电动窗帘盒内径宽度留在 22cm 以上,如图 5-23 所示。

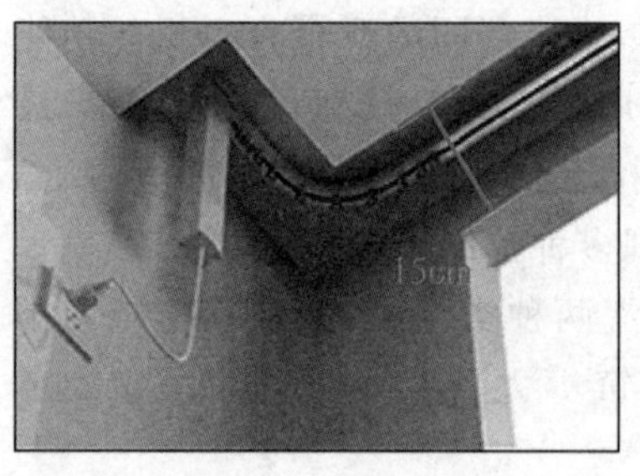

图 5-22 单轨 L 轨电动窗帘盒安装

图 5-23 双轨 L 轨电动窗帘盒所示

5.4.4 智能电动窗帘电机入网

步骤 1: 手机接入 2.4GHz 频段的 Wi-Fi 网络,下载 App 并注册/登录。

步骤 2: 确保 ZigBee 网关已成功配网,且产品在网关的网络有效覆盖范围内。

步骤 3: 打开 App,找到 ZigBee 网关,进入子页面,点击“添加子设备”,选择“小家电-窗帘”。

步骤 4: 快速短按按键 3 次直至指示灯闪烁,进入配网模式。

步骤 5: 点击“确认”指示灯闪烁,等待配网。

电机控制器,如图 5-24 所示。其规格参数如下。

发射频率: 433.92MHz。

发射功率: ≤10mW。

工作温度: −10～50℃。

发射距离: 大于 50m。

窗帘轨道如图 5-25 所示。

图 5-24　电机控制器

图 5-25　窗帘轨道

1）轨道的类型

现在市面上轨道的类型有一字形、U 形、L 形、梯形四种常见的样式，需要根据自己的窗户形状进行选购。

2）轨道的开合方式

现在市面上轨道的开合方式主要是中开、侧开两种。中开就是窗帘从中间向两边开启和闭合。侧开就是从窗户的一边到另外一边开启和闭合。

5.4.5　智能电动窗帘的优点

智能电动窗帘在本质上跟传统窗帘是一样的，它主要是用于遮光，保护个人隐私，满足用户的各项需求，智能电动窗帘配件如图 5-26 所示。电动窗帘除了有传统窗帘一样的优点，还衍生出了其他的优点。

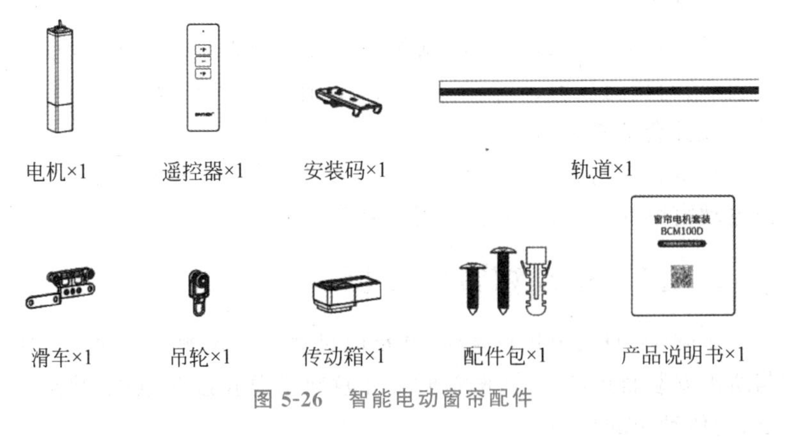

图 5-26　智能电动窗帘配件

1）智能效果好

智能电动窗帘为了方便更多人群的使用，兼顾男女老少的需求，在性能上有所创新。用户可以通过无线控制器随意地控制窗

笔记

帘,无须手动去拉动窗帘,而且智能电动窗帘可以通过提前预约,对其进行定时设置,在正常工作的情况下电动窗帘可以自动开合。

2）多层次兼顾

用户不仅可以使用遥控器控制窗帘的移动,而且可以手动拉动,避免出现停电导致窗帘不能移动的情况。除了用遥控器控制、手动拉动,还可以进行群控,非常方便。

3）静音效果佳

智能电动窗帘运行时采用优质的静音走珠和齿轮皮带,两者相互摩擦所产生的声音达到了最低的效果,比传统的窗帘噪声要小很多,基本上是带来了完美的静音效果。

5.4.6 选购智能电动窗帘

1）选择电机

电机是电动窗帘的主要标准,可以根据前面对电机的讲解和自己的实际情况来选择。

2）面料

电动窗帘的面料非常有讲究,想要采光效果好的窗帘,建议选择阳光面料,这样就可以在室内清楚地看到室外的情况,且室外看不到室内。如果需要遮挡阳光的窗帘,则可以选择全遮光面料,遮光效果能够达到最理想的状态。

3）配件

电动窗帘的配件质量非常关键,若是电动罗马帘建议选择螺纹卷线器,卷动平整,且不会出现高低不平的现象;而普通的拉绳经过日晒雨淋,容易出现变形、断裂等情况。

4）制作工艺

最后还要看电动窗帘的制作工艺细节处理是否精细,如轨道的表面、面料的裁剪、叶片的切口等,制作工艺对产品的实用性跟美观性都会带来影响。

消费者在购买电动窗帘时,除了要考虑外观、价格外,还要考虑电动窗帘的品牌、质量和使用效果等。

5.4.7 电动窗帘的安装

步骤1:对轨道进行定位,并量取尺寸。首先测量好固定孔距与所需安装轨道的尺寸,测量时要注意轨道总长度为电机、轨道长度、副传动箱的总和。

步骤2:安装好吊装卡子。将卡子旋转90°与轨道衔接完毕,用自攻螺丝将吊装卡子安装到顶板。

步骤3:将轨道与电机连接。将电机放入主传动箱,并顺时针

笔记

旋转 90°,主传动箱的扁形转动轴与电机的接口要吻合。旋转到位后,将插片推入传动箱到极限位置,会自动锁住,电机与传动箱就连接好了。特别注意,未接好时不得通电,以免损坏电机。

步骤 4:调节电机程序。电机尾端设有一套齿轮和微动开关装置,电机接线要求实现正转和反转,从而实现窗帘开启、闭合行程的自我定位。

电动窗帘在使用过程中,难免会出现一些小问题,常见的问题如下。

(1) 电动窗帘的控制需要用到遥控器,但是操作遥控器没有反应。

遥控器没有反应很有可能是电池的原因,如果遥控器的指示灯不亮,说明电量过低,需要更换电池。再者有可能是插座的原因,若电源插座有电,则检查电动轨道的电源插头是否与插座保持良好接触,可以将电源插头拔下,将插片调整一下,重新插上再试。

(2) 电动窗帘中间不能靠拢,开合不到位。

可能是手动或者其他原因所致窗帘两边不对称,只要将两幅窗帘手动至中间靠拢,重新用遥控器开启即可。

(3) 停电的情况下不能手动。

打开手动开关,用拉绳带动窗帘向左或者向右移动即可。

(4) 电机转动但窗帘不移动,是手动开关没有复位。

将牵引连杆向左或者向右移动一点,手动开关会自动复位。

教学活动:讨论

谈谈电动窗帘与传统窗帘相比有什么优势?

5.5 电动推窗器

电动推窗器

电动推窗器系统是利用电动设备驱动建筑物内、外各种窗户进行自动开/合控制的系统,用于侧墙窗(上悬窗、中悬窗、下悬窗、侧悬窗)、平推窗、天窗,如图 5-27 所示。

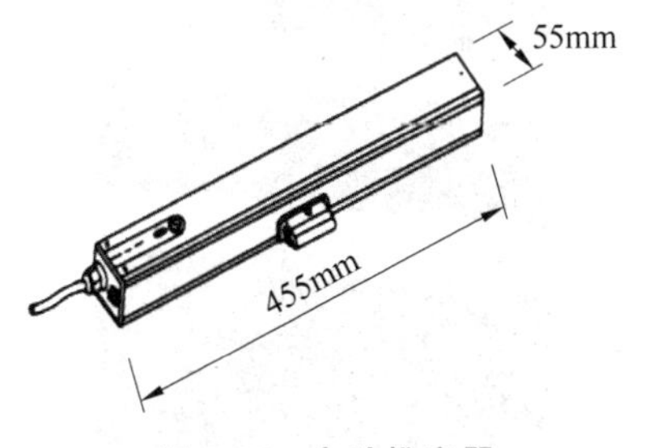

图 5-27 电动推窗器

笔记

电动推窗器外壳采用铝合金压铸工艺,具有外形美观、结构紧凑、传动阻力小、噪声小和安装方便等特点。

电动推窗器系统可以根据室内外温度、天气等情况,自动开启或关闭建筑物的窗户,进行通风换气,保持室内空气新鲜,并有效调节室内温度。它可根据使用要求附设遥控、烟控、风控和雨控等传感装置自动控制窗扇的开/闭,广泛应用于候机大厅、工业厂房和民用建筑的上悬天窗、中悬天(侧)窗和下悬天(侧)窗等,也应用于其他启闭形式相似的采光窗。

电动推窗器因机械驱动方式不同,一般分为链条式推窗器和推杆式推窗器。

(1) 链条式推窗器,如图 5-28 所示。

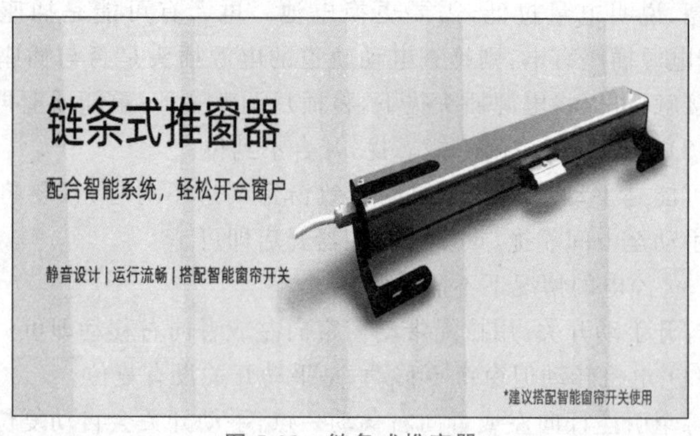

图 5-28 链条式推窗器

其规格参数如下。

推力/拉力：250N/300N。

工作功率：30W。

额定电压：AC100～240V。

行程范围：100～400mm。

(2) 推杆式推窗器。推杆式推窗器由驱动电机、减速齿轮、螺杆、螺母、导套、推杆、滑座、弹簧、外壳及涡轮、微动控制开关等组成,是一种将电机的旋转运动转变为推杆的直线往复运动的电力驱动装置,如图 5-29 和图 5-30 所示。

图 5-29 安装图

笔记

图 5-30　实物图

教学活动：小组 PK 赛

分小组进行智慧家庭样板间照明项目中智能窗帘的安装与配置。

习题

1. 智能场景面板有哪些功能？

2. 家庭影院系统由哪几部分组成？

3. 市面上 95%以上家电设备均采用什么遥控方式？

4. 万能遥控器的优势？

笔记

5．窗帘轨道有哪几种类型？

6．电动推窗器有哪些优势？

第6章

智 能 门 锁

笔记

教学目标

知识目标

1. 掌握智能门锁的概念。
2. 了解怎样挑选智能门锁。
3. 掌握射频识别技术概念。
4. 了解IC卡产品分类。

能力目标

1. 掌握智能门锁的功能及锁级分类。
2. 能进行智能门锁的设置。
3. 了解如何安装智能门锁。

素质目标

1. 培养学生的国家安防意识。
2. 培养学生具备爱国情怀、吃苦耐劳、攻坚克难、勇于担当、甘于奉献的精神。
3. 培养学生的安全防卫意识与不怕牺牲的精神。
4. 开展爱国主义教育。

6.1 智能门锁项目描述

本章内容将智能门锁的基础理论知识和实操相结合，学员通过系统学习智能门锁的理论知识（智能门锁的构成、种类、运用场景等），结合实际操作（智能门锁的安装环境、安装过程、快速配网、如何实现智能化等），可以掌握智能门锁实现智能化的方法。

案例导入

如今是AI高速发展的时代，智能家居已经是时代必然的发展

笔记

结果。越来越多的人希望家更舒适、更智能化,在智能化产品家族中,智能门锁占有非常重要的角色。前段时间,业主李先生正式入住建业小区,他准备安装一套智能安防系统。李先生来到家居市场,在智能门锁销售人员小赵的引导下来到智能家居体验馆,小赵直接用手机打开体验馆大门的这一举动引起了李先生的兴趣,小赵还告诉李先生:“智能门锁的控制方式有很多种,可以通过密码设置、指纹识别等方式开锁,如果您出差在外时,恰巧家里来了亲戚,按门铃触发了智能门锁装置,它将推送一条信息到您的手机,这时您即使是开会或开车,也可以使用手机通过家庭Wi-Fi或移动互联网收到信息,并可通过手机App调看摄像头画面,看到来访者的相貌,甚至可以进行语音/视频通话,在确认来访者的身份后,只需要单击App界面中的“解锁”按钮,便能打开住宅的大门,迎接客人。”听完小赵的介绍后,让李先生更加坚定了安装智能门锁的决心。

6.1.1 智能门锁概述

物联网技术的普及应用使得智能化安防技术取得了令人瞩目的成就。随着企业和住宅小区安防需求的突显,数字化智能安防正面临新的发展契机。智能门锁可通过物联网与智能家电、智能影音、家庭安防等智能家居产品连接,实现机械锁难以实现的人工智能及人机互动,并可延伸更多应用场景,提供更丰富的配套服务,在行业应用市场,可对接安心桥社区警云系统、公租房管理平台、校园门锁管理平台,提供社区/家庭/行业市场安防联网报警运营服务,因此,物联网智能门锁势必成为未来的发展趋势。

NB-IoT(窄带物联网)技术在智能门锁上的应用有巨大潜力。NB-IoT构建于蜂窝网络,只消耗大约180kHz的带宽,可直接部署于GSM网络、UMTS网络或LTE网络,以降低部署成本、实现平滑升级。移动通信正在从人和人的连接,向人与物以及物与物的连接迈进,万物互联是必然趋势。然而当前的4G网络在物与物连接上能力不足。事实上,相比蓝牙、ZigBee等短距离通信技术,移动蜂窝网络具备广覆盖、可移动以及大连接数等特性,能够带来更加丰富的应用场景,理应成为物联网的主要连接技术。

NB-IoT传输技术进一步保障了门锁数据传输的安全性;低功耗攻克了电池供电的智能门锁的续航技术难题;作为资产管理入口的门锁、机柜锁、交通锁等各个区域、各种类型的锁具需要更广覆盖、脱离于传统的Wi-Fi通信方式,更便捷、更稳定、更安全。一把会沟通、有思想、能说话、及时汇报的门锁在资产管理、出入管理、治安管理等方面将发挥着重要作用。

从20世纪90年代初开始发展至今,我国智能门锁技术不断成熟,产业链不断清晰。如今,智能门锁(图6-1)越来越受到消费者

笔记

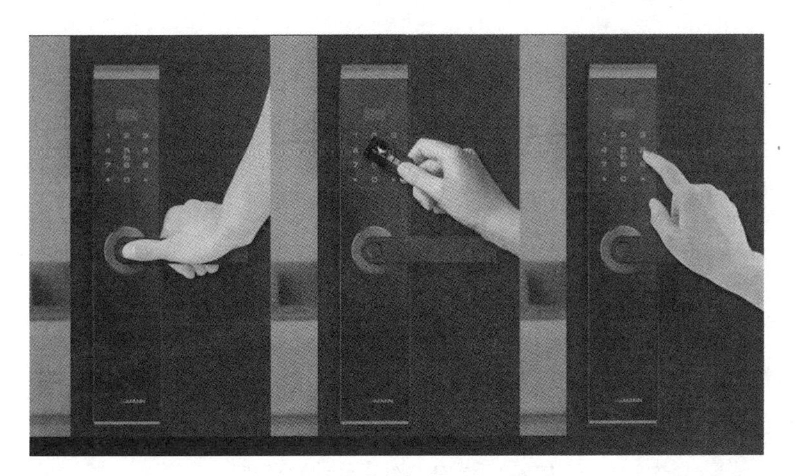

图 6-1　智能门锁

智能门锁的概念

的青睐。国家安全生产监督管理局和全国制锁行业信息中心的数据显示，2016 年，国内智能锁销售规模达到 350 万套，2017 年增至 700 万套，2018 年智能锁销售量在 1000 至 1200 万套之间，2019 年销量接近 1400 万套。据相关数据显示，目前，国内已有超过 1300 家企业涉足智能门锁，品牌门类多达 3000 多个，其中包括德施曼、耶鲁、汇泰龙等专业品牌，三星、飞利浦、美的、海尔等家电跨界品牌，云丁科技、果加、小米等互联网品牌。

市面上有很多类型的锁，有机械锁、感应锁等，适用于各种场合，价格也不一致。但在这些锁中，机械锁差不多完全落后了，因为它是一个内部的机械组合，安全性较低，而现在流行的感应锁也有不灵敏、寿命短、价格高的缺点，所以并未得到普及。智能门锁则完全解决了上述问题，它能够实现远程开门、轻松联动、安全保险、双向反馈等多种功能。

智能门锁区别于在传统机械锁的基础上改进的锁，是在用户安全性、识别性、管理性方面更加智能化、简便化的复合型锁具，是门禁系统中锁门的执行部件。常见的智能门锁有磁卡锁、指纹锁、虹膜识别锁等。多应用于银行、政府部门(注重安全性)、酒店等，家居领域使用也是越来越多。

智能门锁有智能化模组云服务 App 构成的一站式智能化(图 6-2)，可以帮助开发者低成本、高效率的开发智能锁及周边产品。同时智能锁作为入口级产品，可以与智慧安防、智慧公寓、智慧酒店、智慧商业、照明等商业 SaaS 场景无缝互联，助力合作伙伴拓展无限智能商业生态。智能门锁致力于提供安全、可靠、便捷、好用的智能锁产品，帮助用户守护每一个入口和场景，连接智能空间。

目前智能门锁支持 Amazon Alexa 和 Google Assistant 两大主流

笔记

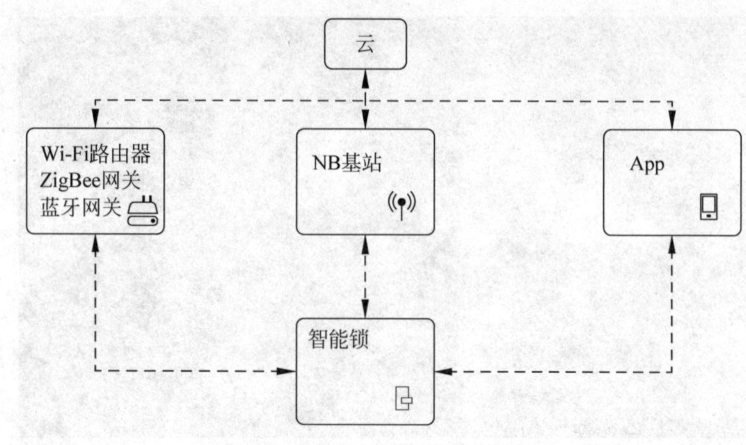

图 6-2 智能门锁一站式智能化

智能音箱接入。语音控制支持以下三个核心功能：语音检查门锁状态、语音控制关锁和语音控制开锁。智能生态内 ZigBee 网关、蓝牙网关、Wi-Fi 智能锁均可选择开通支持。其中，亚马逊音响支持 Alexa Routine 功能，即设备场景联动，这意味着赋能厂商打通亚马逊智能家居生态。接入语音控制能力后，赋能门锁产品进行亚马逊 WWA (Work With Alexa)认证接入服务。

生态内的智能锁可以与可视门铃智能猫眼无缝连接，当访客到达门口时，主人可以通过可视门铃/猫眼与访客实时视频对讲并直接控制门锁的开关。

本地安全加密芯片。国密安全算法满足国密局和政府政策要求；金融级别安全通信协议，一次一密，防止重放；多级密钥体系，设备一机一密，认证过程一次一密；统一规范的安全接口，开发简单。

6.1.2 智能门锁的功能

智能门锁的功能

智能门锁具有的基本功能如下。

(1) 可供多人指纹开门，产品质量稳定，性能好。

(2) 可分权限开门(让户主和其他人员的开门管理权限区分开)。

(3) 可自由增减开门指纹(可以方便清除无效的指纹)。

(4) 拥有查询记录功能(可以随时查看指纹记录，带显示屏)。

(5) 含有机械钥匙，这是一种备用开门方式，可以在门锁电子部分出问题时及时开门和方便维修。

(6) 指纹锁安全性的加强，让指纹锁连接到智能家居系统。部分指纹锁厂家给指纹锁预留开发端口，在智能化家居中，只需要对指纹锁进行简单开发，就可以实时监控指纹锁的状态，从而提高指

纹锁的安全性。

(7) 好的锁芯。机械钥匙锁芯的好坏直接关系到门的防撬性和稳定性。一般情况下优质的智能门锁制造厂家都会选择高档锁芯,以便保障产品质量。锁芯的好坏优劣通过钥匙的弹子数和深浅挡数判断。弹子数和深浅挡数多的产品为优。深浅挡数的弹子数次方就是这把机械钥匙的密钥量,密钥量越大,安全性越好。国家标准一般至少要求 A 级锁以上,好的指纹锁厂家一般配置超 B 级机械钥匙。

智能门锁的核心性能如表 6-1 所示。

表 6-1 智能门锁的核心性能

解放双手的开门体验	记录信息一目了然	告警实时推送
智能锁可以支持指纹、密码、门卡、人脸、指静脉等多种解锁方式,实现摆脱钥匙出门的体验	智能锁可以成为您的管家,告知您家门口发生的一切,包括实时的开门记录、门铃呼叫、家中老人、孩子回家提醒等	当门锁触发告警,例如,有人多次密码试错、有人企图撬锁、门锁电量过低等各种异常情况,可以设置联动手机电话/短信通知、联动声光报警器告警等
智能临时解锁	**智能家居全屋联动**	**智能商业生态拓展**
门锁权限的智能分配满足生活服务需求、社交、商业管理等多元场景,支持远程开门、成员管理、临时密码、离线密码(在断网的情况下依然可以创建并使用)	锁不仅仅是一个智能单品,它可以与全屋家居场景联动,想象一下,打开门后,玄关的灯打开,电动窗帘缓缓合上,热水器定时打开,香薰机开启,营造一个美好舒适的归家体验	智能锁是公寓 SaaS、酒店 SaaS 的核心产品,实现密码下发和权限管理等功能,助力智能生态运营

教学活动:讨论

搜索资料,列举智能门锁常见的种类。

智能门锁的组成部分和级别分类

6.1.3 智能门锁的组成和级别分类

智能门锁的主要组成部件如表 6-2 所示。

笔记

表 6-2　智能门锁的主要组成部件

序号	组成部件	序号	组成部件
1	锁芯(锁体)	10	电池盒(包括电池)
2	十字槽木螺钉	11	内六角螺钉
3	机械锁头	12	侧饰板
4	内六角螺钉(锁头)	13	十字槽沉头螺钉
5	大方轴	14	扣板塑料盒
6	前面板	15	锁扣板
7	大方轴	16	十字槽木螺钉
8	长方轴	17	锁头盖
9	后面板	18	门

智能门锁结构如图 6-3 所示。

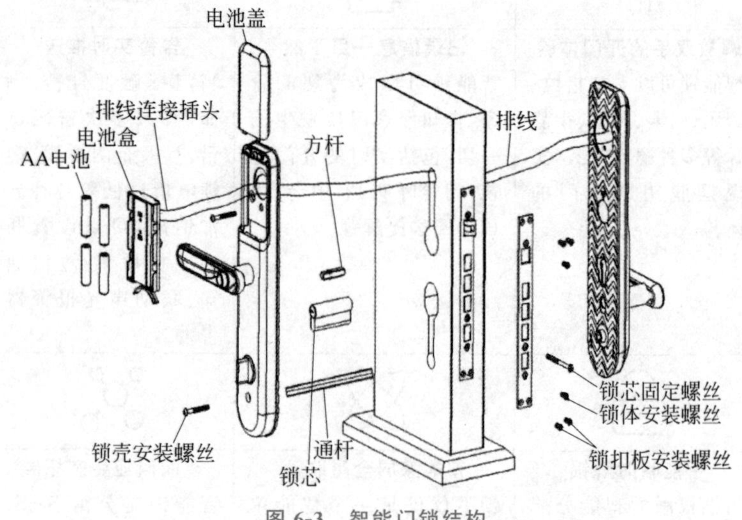

图 6-3　智能门锁结构

智能门锁的级别分类如下。

(1) 指纹锁全称为电子指纹锁，常见功能为指纹、密码、刷卡、机械钥匙四合一开锁方式。它是普通机械锁升级为电子锁的替代品。防盗级别为 A 级。

(2) 智能锁全称为电子智能锁，它包含电子指纹锁的基本功能，增加联网功能，可实现远程操控，是电子指纹锁的升级版，防盗级别为 B 级。

(3) 安防指纹锁包含电子指纹锁的全部功能，是按照国家防盗锁技术标准设计，是家庭防盗门锁的实用性产品，防盗级别为 C 级。

(4) 安防智能锁包含电子指纹锁、电子智能锁、安防指纹锁的全部功能，是锁具行业技术含金量最高的产品，防盗级别为超 C 级。

笔记

6.1.4 智能门锁的安装

1. 门开方向判断

根据图 6-4 所示判断开门方向。

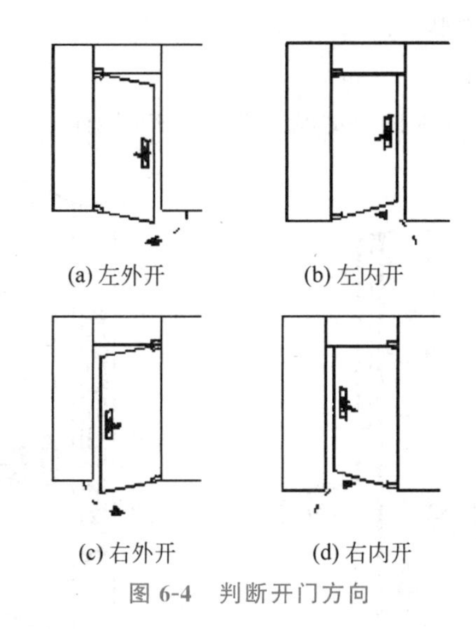
(a) 左外开 (b) 左内开

(c) 右外开 (d) 右内开

图 6-4 判断开门方向

智能门锁的联动

2. 调整指纹锁

锁舌方向调整如图 6-5 所示。

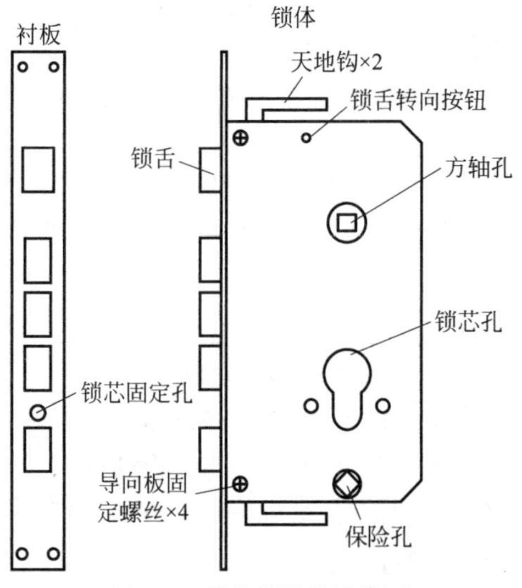

图 6-5 指纹锁调整示意图

根据开门方向调整锁舌：扣住锁舌转向按钮，将锁舌按进锁体，再旋转 180°，完成锁舌方向调整。

执手方向调整如图 6-6 所示。

前、后面板的背面，执手转轴位置，有执手的固定螺丝，卸下固

笔记

定螺丝,执手旋转 180°,再拧紧固定螺丝。

确保上、下摆动执手,都能回弹到水平位置。

安装包内的弹簧,放入后面板的方孔内。

前面板的背面方孔是可旋转的,箭头朝向执手的方向。

3. 指纹锁安装

安装锁体如图 6-7 所示。

(1) 将锁体放入按规定尺寸处理好的门扇内。

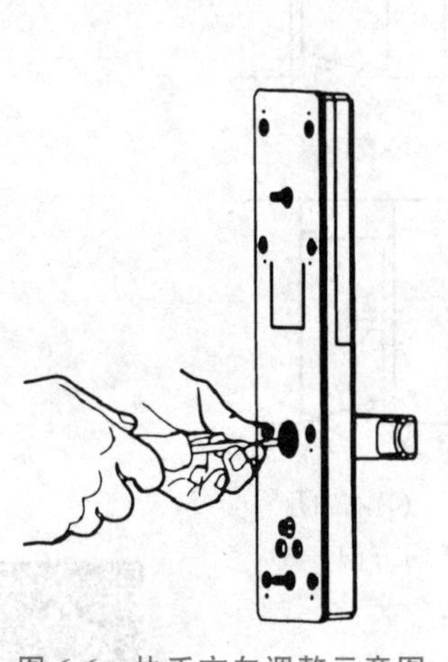

图 6-6 执手方向调整示意图

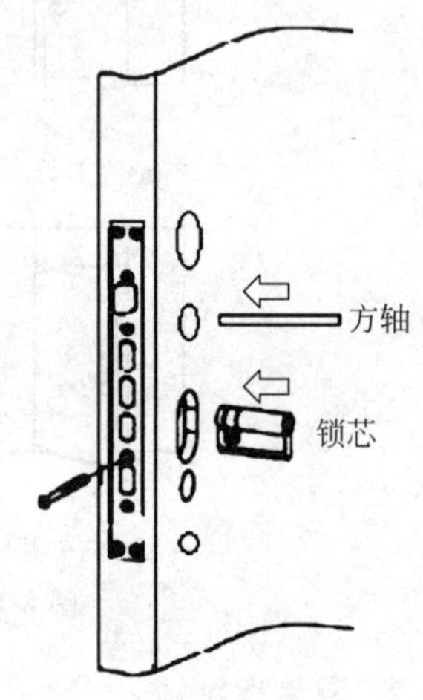

图 6-7 锁体安装示意图

(2) 锁体插入时勾好上、下天地杆。

(3) 旋紧锁体上的四颗固定螺丝。

(4) 根据门厚插入相应长度的方轴(方轴插入后面板的把手孔后,不超出外门面 1cm)。

(5) 插入锁芯,用 7cm 的长螺丝固定锁芯。

(6) 扣住锁舌转向按钮,将锁舌按进锁体,再旋转 180°,完成锁舌方向调整执手方向调整如图 6-6 所示。

(7) 前后面板的背面,执手转轴位置,有执手的固定螺丝,卸下固定螺丝,执手旋转 180°,再拧紧固定螺丝。

(8) 确保上下摆动执手,都能回弹到水平位置。

(9) 安装包内的弹簧,放入后面板的方孔内。

(10) 前面板的背面方孔是可旋转的,箭头朝向执手的方向。

(11) 安装内、外面板。

(12) 内面板的排线穿过门孔,保险轴插入锁体的保险孔,执手对准方轴,将内面板贴在门上。

智能门锁的配网

(13) 内面板和锁体的排线(如果是有排线的电子锁体)插到外面板的接插口上;内螺纹管固定在外面板上;执手对准方轴,将外面板贴在门上。

(14) 如图 6-8 所示,面板固定螺丝从内面板插入、拧紧;将内外面板固定牢。

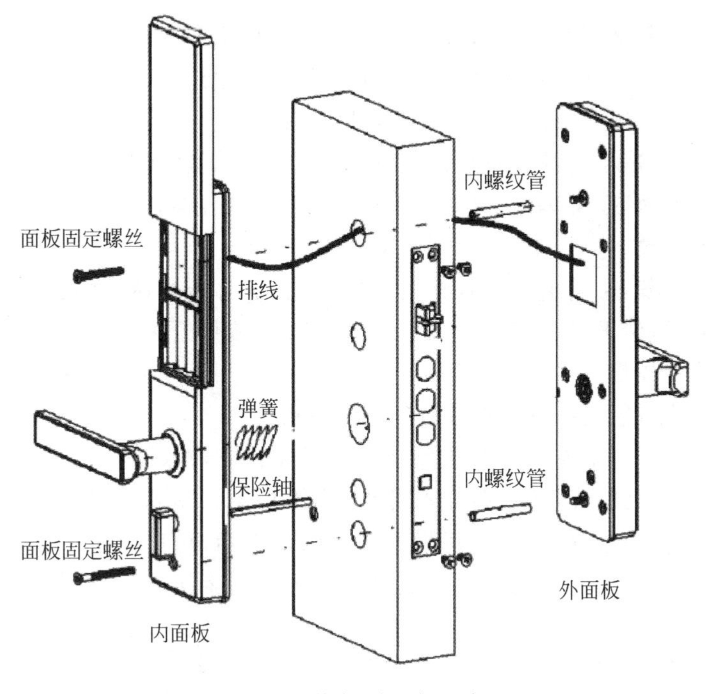

图 6-8　安装内、外面板示意图

上电池,完成安装。

教学活动:头脑风暴

伴随着智能化的发展,谈一谈你对红岩精神的理解。

6.2　智能门锁的设置

初次使用智能门锁前,需先登记管理指纹,并校准系统时钟。操作密码时,触摸键盘上电,密码为数字组合,输入后按"#"键确认。

装上电池,系统启动自检,成功后进入产品初始体验状态:在初始状态下,初始开锁体验密码为 123456。任何指纹都能体验开启指纹锁。5s 没操作,进入待机状态,如图 6-9 所示。

1	2	3
4	5	6
7	8	9
*	0	#

"*"键,返回/删除键
"#"键,确定/确认键

图 6-9　操作键盘

指纹识别及设置过程如下。

指纹识别是通过比较不同指纹的细节特征点进行鉴别的。指纹识别技术涉及图像处理、模式识别、计算机视觉、数学形态学、小

笔记

波分析等众多学科。由于每个人的指纹不同(即便是同一个人的十指,其指纹也有明显区别),因此指纹可用于身份鉴定。

步骤1:将手指靠在上面,唤醒屏幕。

步骤2:输入密码,输好后按"#"确认(若输错了按"#"结束,按"*"开始重新输入,再按"#"确认结束完成)。

步骤3:选择"添加用户"(按"#"确认)。

步骤4:选择"添加指纹"(按2、8键选择,按"#"确认)。

步骤5:屏幕显示"请按手指",把手指放在智能锁指纹识别处输入指纹。

步骤6:若上一步骤指纹识别成功,屏幕上会显示"第一遍认证通过,请再按手指",再将手指放在智能锁指纹识别处输入指纹即设置成功。

为智能门锁设置指纹时还有下面几点。

由于每个人的指纹纹路清晰度及特殊指纹采集数据不全面,有时会遇到开门时手指验证困难,需多次验证、效率低的情况。所以,在采集指纹数据时,每根手指录入成功后,可以同根手指多角度录入,以保证使用指纹验证时无论采集到手指哪个角度都能验证成功。

智能锁指纹识别建议至少录入3～5个指纹,一般指纹锁的指纹数量都是200+,足够全家使用,录入数量适中,可以有效防止指纹失效的问题,比如指纹受伤、脱皮、录入不合理等现象都可以得到规避,有效提升使用体验。

智能门锁入网与验证如下。

(1) 下载并注册智能门锁App。

(2) 登录成功后,点击右上角"+"按钮,或点击"添加设备"按钮。

(3) 在"安防传感"选项下,选择门锁Wi-Fi。

(4) 在Wi-Fi名称和密码设置界面,Wi-Fi会根据当前手机连接的网络自动生成,点击"确认"按钮后进入联网状态,等待配网完成。

教学活动:知识竞赛

将班级按照5人一组的形式分成竞赛单位进行小组间的比赛。

比赛内容:认识智能门锁的主要组成部件。

竞赛方式:老师读题,小组抢答,答对一题加一分,打错一题减一分,得分最高组获胜。

笔记

6.3 拓展提高

6.3.1 智能门锁常见故障排除和挑选

1. 常见故障及排除

智能门锁的组合锁舌不能完全伸出。解决办法：调好锁扣板，和锁舌、方舌正对着，让锁舌能顺利伸缩；看看侧饰板是否安装不规范，把锁舌顶住了。

开门孔时，锁芯槽两侧太窄，组合锁舌被卡住了。解决办法：锁芯槽的锁芯组合锁舌活动部位加宽。

按执手智能门锁内外都能开门，原因是部分智能门锁锁芯设置了通道功能，不需处理，调试外面板的轴转向即可恢复正常状态。

怎样挑选智能门锁

2. 挑选智能门锁

1）选锁芯

锁芯是一切智能门锁安全的基本保障。目前，智能门锁的锁芯分为A、B和超B级(C级)三个等级，那么这些等级之间有什么区别呢？就其防盗安全性能有如下区别。

A级：专业人士30s内可开锁。

B级：专业人士5～120min之内即可开锁。

C级：专业人士270min内不能开启。

即等级越高，其安心性越有保障。因此，在购买智能门锁时，至少要选择B级及以上锁芯才能更放心。

2）选材质

智能门锁的材质要经久耐用才行，常见的材质如下。

(1) 不锈钢材质。这种材质硬度高又抗氧化，不容易受腐蚀。不过不锈钢材质成型难，所以这种材质的门锁外形一般较普通。

(2) 铝合金材质。铝合金材质的智能门锁是较常见的。它款式多样、美观，颜色也更有光泽感，家居装修使用也显得很大气。

(3) 纯铜材质。纯铜门锁厚实，手感细腻，质感极佳，相对来说价格也高，但是效果显得十分高档，更适合别墅、高档写字楼、高级会所等场所使用。

(4) 塑料材质。用户应避免选用塑料材质产品，这种材质的产品用久了之后会掉漆，显出黑色或白色塑料，且很容易出现裂痕，特别不安全，这点大家一定要注意，选用全金属材质才能保障产品的耐用和安全。

3）看功能

智能门锁的功能并不一定越多越好，关键是要好用、安全和稳

笔记

定。现在的智能门锁产品相对比较成熟,技术上也能解决大部分问题。大多数智能门锁有多种开锁方式,如感应卡开锁、指纹开锁、手机远程开锁、密码开锁、语音开锁、人脸识别开锁、机械钥匙开锁等,建议消费者选用市场上常规功能的智能门锁,这样的锁已经过市场检验,其安全性及可靠性更有保证。

6.3.2 拓展——IC卡

1. 概述

射频识别(radio frequency identification,RFID)技术是20世纪80年代发展起来的一种新兴自动识别技术,是一项利用射频信号通过空间耦合(交变磁场或电磁场)实现无接触信息传递并通过所传递的信息达到识别目的的技术。RFID是一种简单的无线系统,用于控制、检测和跟踪物体。

射频卡又称非接触式IC卡,它成功地解决了无源(卡中无电源)和免接触的难题,是电子器件领域的一大突破。RFID技术是一种利用射频来阅读一个小器件上的信息的技术。根据工作频率的不同,RFID系统集中在低频(30k～300kHz)、高频(3M～30MHz)和超高频(300M～3GHz)三个区域。简单地说,IC卡是将一个微电子芯片嵌入符合ISO 7816标准的卡基中,做成卡片形式。IC卡与读写器之间的通信方式可以是接触式,也可以是非接触式。根据通信接口把IC卡分成接触式IC卡、非接触式IC和双界面卡(同时具备接触式与非接触式通信接口)。

IC卡由于其固有的信息安全、便于携带、比较完善的标准化等优点,在身份认证、银行、电信、公共交通、车场管理等领域得到越来越多的应用,例如二代身份证、银行的电子钱包、电信的手机SIM卡、公共交通的公交卡、地铁卡、用于收取停车费的停车卡等,它们都在人们日常生活中扮演重要角色。

2. 产品分类

1) 按结构分

(1) 存储器卡。其内嵌芯片相当于普通串行EEPROM存储器,这类卡信息存储方便,使用简单,价格便宜,很多场合可替代磁卡,但由于其本身不具备信息保密功能,因此,只能用于保密性要求不高的应用场合,如图6-10所示。

(2) 逻辑加密卡。逻辑加密卡内嵌芯片在存储区外增加了控制逻辑,在访问存储区之前需要核对密码,只有密码正确,才能进行存取操作,这类信息保密性较好,其使用与普通存储器卡相类似。

笔记

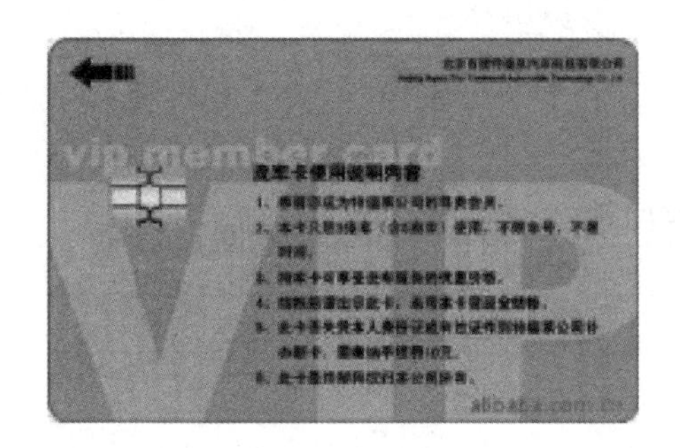

射频识别技术的分类、IC卡产品分类

图 6-10　IC卡

(3) CPU卡。CPU卡内嵌芯片相当于一个特殊类型的单片机,内部除了带有控制器、存储器、时序控制逻辑等外,还带有算法单元和操作系统。由于CPU卡有存储容量大、处理能力强、信息存储安全等特性,被广泛用于信息安全性要求特别高的场合。

(4) 超级智能卡。这种卡上具有MPU和存储器并装有键盘、液晶显示器和电源,有的卡上还具有指纹识别装置等。

2) 按界面分

(1) 接触式IC卡。该类卡是通过IC卡读/写设备的触点与IC卡的触点接触后进行数据的读/写。国际标准ISO 7816对此类卡的机械特性、电器特性等进行了严格的规定。

(2) 非接触式IC卡。该类卡与IC卡设备无电路接触,而是通过非接触式的读/写技术进行读/写(例如光或无线技术)。其内嵌芯片除了CPU、逻辑单元、存储单元外,增加了射频收发电路。国际标准ISO 10536系列阐述了对非接触式IC卡的规定。该类卡一般用在使用频繁、信息量相对较少、可靠性要求较高的场合。

教学活动1:讨论

你会选用智能门锁吗?谈谈你的看法。

教学活动2:操作竞赛

将班级按照5人一组的形式分成竞赛单位,每组挑选出动手能力较强的同学进行小组间的比赛。

比赛内容如下。

(1) 结合实际了解智能门锁的基本机构。

(2) 操作实践——安装一款智能门锁。

竞赛方式:小组成员全部参与,练习门锁的安装。各组随机选择一名比赛选手,能简要介绍门锁结构,并完成门锁安装,操作正确且用时最少者获胜。

笔记

习题

1. 什么是智能门锁？

2. 智能门锁有哪些基本功能？

3. RFID 的特点是什么？

4. RFID 技术还可以用在哪些领域？

5. 智能门锁的密码如何设置？

6. 智能门锁有哪些解锁方式？

7. 智能门锁的通信方式有哪几种？特点是什么？

第7章

安防感知

笔记

教学目标

知识目标

1. 掌握传感器的概念及应用。
2. 了解门磁/窗磁感应器。
3. 了解人体传感器。
4. 掌握燃气探测器概念。
5. 了解烟雾探测器。
6. 了解水浸探测器。
7. 了解空气质量传感器。
8. 了解风雨传感器。

能力目标

1. 能进行门磁/窗磁感应器入网与验证。
2. 了解人体传感器的安装及主要用途。
3. 能进行人体传感器入网与验证。
4. 了解燃气探测器安装。
5. 能进行燃气探测传感器入网与验证。
6. 能进行烟雾探测传感器入网与验证。
7. 能进行水浸探测传感器入网与验证。

素质目标

1. 培养学生顾全大局、不畏艰险和顽强不屈的精神。
2. 培养学生自信、积极、乐观的生活态度,求真务实的科学精神。
3. 培养学生增强“四个自信”。

笔记

7.1 传感器的概念

传感器的概念

传感器的应用

在物联网中,传感器主要负责接收对象的“语音”内容。传感器技术是从自然源中获取信息并对其进行处理、转换和识别的多学科科学与工程技术。它涉及传感器的规划、设计、开发、制造和测试,信息处理和识别,改进活动的应用和评估。

依据物联网的体系结构,家居物联网分为感知层、网络层和应用层。

(1) 感知层:感知的对象分为人们所生活的家庭环境和人本身。通过各种传感器,可实现对家庭内部的全面感知。传统的智能家居8大子系统作为感知层的执行设备。

(2) 网络层:网络层包括智能家居原有的家庭网络和物联网的物理通信方式。

(3) 应用层:利用云计算技术,降低智能家居的硬件投资成本,把大量的处理放在了家庭外部。同时这也为家庭内部的复杂计算提供了可能,借助人因工程、心理学、临床医学、营养学、模式识别、机器视觉、语言识别等技术,建立智能家居云感知模型,实现家庭内部的语言感知、物品感知、用户习惯感知、用户行为感知、家庭事件感知、情绪感知、健康感知,并为家庭服务商提供第三方接口,提供便于人们生活的各种服务。

严格地说,目前大部分智能家居系统还不是一个物联网系统,只能说应用了物联网当中的某项技术,比如感知技术。比较典型的有如下几种。

(1) 无线红外防闯入探测器:这个功能主要是用于防非法入侵,比如当你按下床头的无线睡眠按钮后,关闭的不仅是灯光,同时它会启动无线红外防闯入探测器自动设防,此时一旦有人入侵就会发出报警信号并可按设定的自动开启入侵区域的灯光吓退入侵者。或者当你离家后它会自动设防,一旦有人闯入,会通过无线网关自动发提醒信息你的手机并接受手机发出的警情处理指令。

(2) 无线空气质量传感器:这主要是探测卧室内的空气是否混浊,这对于要回家休息的你很有意义,特别是对有婴幼儿的家庭尤其重要。它通过探测空气质量告诉你目前室内空气是否影响健康,并可通过无线网关启动相关设备优化调节空气质量。

(3) 无线门磁、窗磁:主要用于防入侵。当你在家时,门磁、窗磁会自动处于撤防状态,不会触发报警,当你离家后,门磁、窗磁会自动进入布防状态,一旦有人开门或开窗就会通知你的手机并发出报警信息。与传统的门磁、窗磁相比,无线门磁、窗磁无须布线,

笔记

装上电池即可工作，安装非常方便，安装过程一般不超过两分钟。另外对于有保险柜的家庭来说，这种传感器还能够侦测并记录下保险柜每次被打开或者关闭的时间并及时通知授权手机。

(4) 无线燃气泄漏传感器：该传感器主要是探测家中的燃气泄漏情况，它无须布线，一旦有燃气泄漏就会通过网关发出报警并通知授权手机。

物联网的出现给智能家居走进千家万户带来了希望。国内已有一些小区建立了“云社区”，对物联网技术在智能家居的应用进行了初步尝试。然而这只是初步的应用，未来物联网会在智能家居中发挥越来越重要的作用，其强大的感知技术，使智能家居更加“智能”，甚至具备人的某些思维功能，会给人们提供实用、具有粘性的服务，从而使智能家居行业更快的发展。

教学活动：讨论

在生活中，我们哪些地方用到了传感器？

7.2 安防项目描述

安防系统是实施安全防范控制的重要技术手段，主要是通过智能主机与各种探测设备的配合，实现对各个防区报警信号的即时收集与处理，通过本地声光报警、电话或短信等报警形式，向用户发布警示信号，以便用户通过网络摄像头所拍摄的现场情况来确认事情紧急与否。

移动互联技术应用前端传感器包含门磁/窗磁感应器、人体传感器、燃气探测器、烟雾探测器和水浸探测器等。本章将分别对这些设备进行介绍。

案例导入

家住长沙的张先生近几年事业越来越忙，鲜有时间陪伴家人，只身外地，常会担心家里老人和孩子的安全，当他得知智能家居非常适合家中有老人和小孩的家庭时，张先生说：“我在大门上安装了智能门磁传感器，一旦有陌生人入侵家中时，我就会收到提醒，可以及时采取措施；通过摄像头可察看老人在家有什么需要，不仅能跟她对话，还可以通过手机远程帮她打开家中的空调、电视机等电器，免得老人觉得操作很复杂。”

在客厅，空气检测仪会监测空气的质量和湿度，风雨传感器可自动开关窗，空调会自动检测人体体温，及时调整风力、风速和风向。

在卧室，房间的温度、湿度可依据用户的睡眠阶段自动调节，全屋安防自动开启，摄像头移动侦测抓拍。

笔记

在厨房，烟雾传感器等可自动报警，并联动推窗器开窗通风。水浸探测器探测到有水外流时，则会立即发送报警信息，主人及时发送指令关闭水龙头，避免更大的经济损失。

在阳台的窗户上安装智能窗磁传感器，这样小朋友玩耍时如不慎推开窗户，传感器即可感应到窗户开启，并发送消息通知家长，避免危险发生。

《中国智能家居设备报告》数据显示，中国智慧家庭市场规模正以每年20%～30%的速度增长，智慧家庭产业发展空间巨大。相信在互联网、物联网、AI、云计算、大数据等新兴技术的不断加持下，未来我们的家可以变得更智能、更高效、更便捷、更舒适。

教学活动：讨论

谈一谈在现实生活中，我们应该如何对国家安全进行防护？

7.3 认识不同的传感器

门磁/窗磁感应器及安装注意事项

7.3.1 门磁/窗磁感应器

1. 产品概述

门磁/窗磁感应器即门磁开关和窗磁开关的简称，由磁簧管和磁铁两部分组成。磁簧管和磁铁一般分别安装在门框(窗框)和门扇(窗扇)里，若门或者窗户被打开，磁簧管就随之断开，并报警，如图7-1所示。

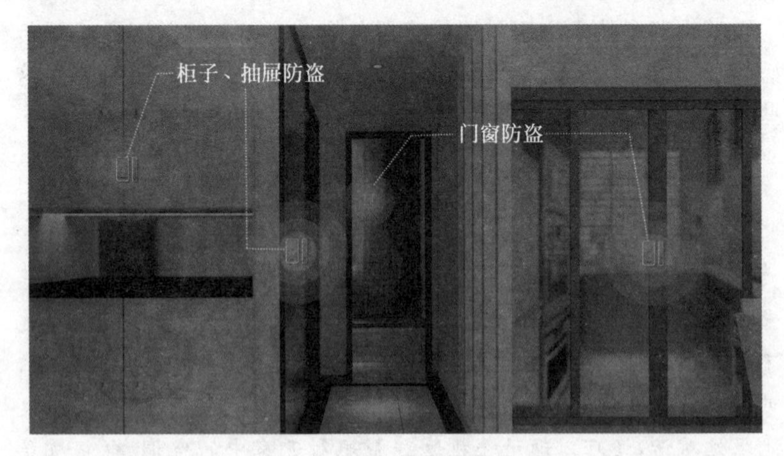

图7-1 门磁/窗磁感应器1

2. 工作原理

门磁/窗磁较小的部件为永磁体，内部有一块永久磁铁，用来产生恒定的磁场，较大的是门磁/窗磁主体，它内部有一个常开型的磁簧管，当永磁体和磁簧管靠得很近时(小于5mm)，门磁/窗磁

笔记

传感器处于工作守候状态，当永磁体离开磁簧管一定距离后，处于常开状态，开始向主机报警。

3. 性能优势

门磁/窗磁感应器安装简单，拆卸方便，随拆随用，体型小巧，方便携带，如图7-2所示，此外在性能上还具有以下优势。

(1) 防盗功能：通过感应门窗的开合，触发报警。

(2) 远程检测：门窗未关或被强制打开时，App会发出提醒，避免家庭环境不安全状态。

(3) 数据统计：保有门窗开关记录，统计反馈离家、居家作息时间等。

图7-2　门磁/窗磁感应器2

4. 规格参数

工作电压：DC 3V。

待机电流：≤5μA。

报警电流：≤30mA。

探测角度：110°。

5. 安装注意事项

门磁/窗磁感应器的误报率与安装的位置有极大的关系，在安装时应注意以下事项。

(1) 门磁/窗磁开关一般安装在门/窗的顶部不易被接触的地方，磁铁部分安装在移动的门/窗上，开关部分安装在固定的门/窗的框架上。但下装式卷帘门磁开关部分最好埋在地下，磁铁部分安装在可移动的卷帘门的下部边缘，可配支架调节启动感应距离。

(2) 门磁/窗磁开关分表面贴装式和嵌入暗装式。表面贴装式用螺丝或双面胶固定，特点是安装相对容易，但门磁/窗磁裸露在外容易被破坏。嵌入暗装式需要根据门磁/窗磁主体的最大直径钻孔安装，底部的卡片应紧贴在表面上，特点是安装相对麻烦，但外表美观不易破坏。

(3) 在安装过程中，表面贴装时磁簧管的触点位置与磁铁的磁力线最高点一定要平行安装；但在嵌入式暗装时，磁铁和磁簧管两部分要相向平行在一条线上，这样才可以取得最佳的感应距离，且两部分最好无间隙安装，间隙越小越好，最大间隙不应超过5mm(卷帘门除外)。如果错位安装将导致启动感应距离的缩短，甚至感应不到任何信号的时候，就会导致开关失灵。

(4) 门磁/窗磁开关如果安装在铁质的材料上，由于铁是导磁材料，所以磁铁部分会有散磁现象出现，会减弱磁铁本身的磁力，导致门磁/窗磁开关本身的感应距离缩短。利用铁可以导磁的原理，可以用铁片隔在门磁/窗磁开关和磁铁之间切断磁力线，以用

笔记

于特殊的环境里。

门磁/窗磁感应器入网与验证如下。

步骤1：手机接入2.4GHz频段的Wi-Fi网络，下载智能App并注册登录。

步骤2：确保ZigBee网关已成功配网，且产品在网关的网络有效覆盖范围内。

步骤3：打开智能App，找到ZigBee网关，进入子页面，点击“添加子设备”。

步骤4：拔下设备的电池绝缘片，令设备通电。

步骤5：长按设备组网键2s后，进入配网状态，此时指示灯闪烁。

步骤6：点击“确认”按钮，指示灯闪烁，面板进入“正在连接”界面，等待配网成功。

教学活动：小组PK赛

结合所学知识，将班级按照5人为一组的形式，快速配置门磁/窗磁感应器并完成测试。

7.3.2 人体传感器

1. 产品概述

人体传感器具有高灵敏、抗干扰、智能联动、可旋转、免工具安装等性能优点，适用于办公室自动控制、酒店能耗管理、智能家居夜间照明、学校安防系统等。

人体传感器

2. 工作原理

人体传感器的主要器件为人体热释电红外传感器。人体都有恒定的体温，一般为36～37℃，所以会发出特定波长的红外线，红外探头探测到人体红外辐射温度发生变化时会失去电荷平衡，向外释放电荷，后续电路经检测处理后触发开关动作。人不离开感应范围，开关将持续接通；人离开后或在感应区域内长时间无动作，开关自动延时关闭负载。人体传感器如图7-3所示。

人体传感器的安装及主要用途

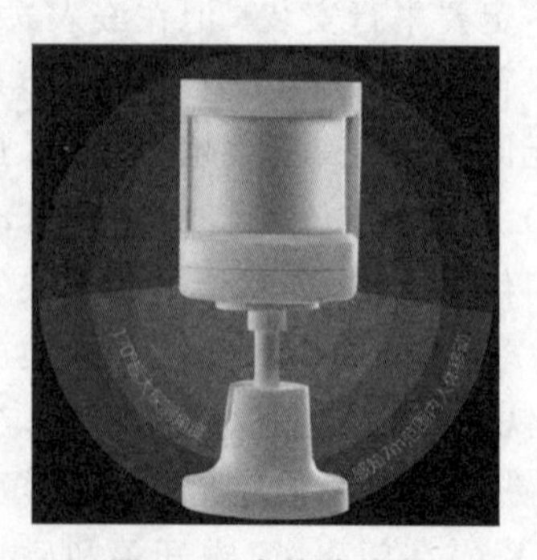

图7-3 人体传感器

笔记

3. 性能优势

（1）探测范围广：配置170°超大探测角度，可以感知7m范围内的人体移动。若在探测范围内感知到人体运动，将通过网关传输信息至云端，随时随地接收告警推送。

（2）智能联动：在家中不同位置安装多个人体传感器，可实时联动其他智能家居设备，如自动亮灯、断电等，实现全屋智能，人走到哪里，智能生活跟到哪里，如图7-4所示。

（3）便携低耗：探测器如乒乓球大小，安装灵活，可根据家庭环境的不同选择合适的安装方式与位置；同时采用低功耗的被动式传感方式，电池续航时间可达一年。

4. 安装注意事项

人体传感器只能安装在室内（图7-5），其误报率与安装的位置和方式有极大的关系，正确的安装应满足下列条件。

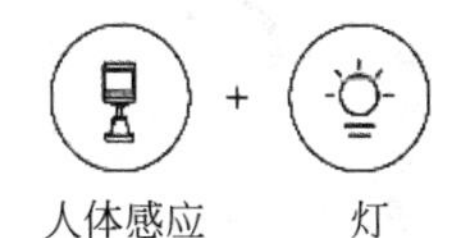

图7-4　人体传感器智能联动

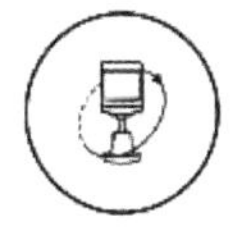

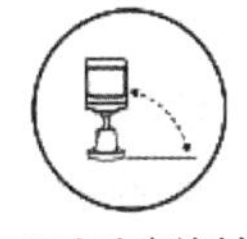

图7-5　人体传感器安装示意图

（1）人体传感器应离地面1.6～1.8m。

（2）人体传感器要远离空调、冰箱、火炉等空气温度变化敏感的地方。人体传感器探测范围内不得放置隔屏、家具、大型盆景或其他隔离物。

（3）人体传感器不要直对窗口，否则受窗外的热气流扰动和人员走动会引起误报，有条件的最好把窗帘拉上，人体传感器也不要安装在有强气流活动的地方。

（4）根据安装的位置及人员走动的方向，调整人体传感器的方向，使其工作于最高灵敏度状态。

5. 主要用途

人体传感器、人体活动监测器在银行监控录像、航空航天技术、保险柜以及工业生产中都有广泛的应用。在日常生活中，如宾馆、饭店、车库的自动门、自动热风机上也都有应用。在安全防盗方面，如资料档案、财会、金融、博物馆、金库等重地，通常都装有由各种人体接近开关组成的防盗装置。在测量技术中，如长度、位置的测量；在控制技术中，如位移、速度、加速度的测量和控制，也都使用着大量的人体接近开关。

6. 人体传感器入网与验证

步骤1：手机接入2.4GHz频段的Wi-Fi网络，下载智能App

笔记

并注册登录。

步骤 2：确保 ZigBee 网关已成功配网，且产品在网关的网络有效覆盖范围内。

步骤 3：选择"人体运动传感器"按钮。

步骤 4：使用复位针插入复位孔中，并长按 5s 以上，至配网指示灯闪烁，进入配网模式。

步骤 5：根据 App 指引成功添加设备。

步骤 6：添加成功后即可在"我的家"列表中找到设备。

7.3.3 燃气探测器

1. 产品概述

燃气探测器(图 7-6)用于检测甲烷、天然气、液化石油气等可燃气体的泄露，预防气体泄漏造成的危害。燃气探测器选用高稳定性半导体式气敏传感器，具有稳定度高、灵敏度漂移小等特点。应用于有可能产生可燃气体泄露的场所。

图 7-6 燃气探测器

规格参数如下。

功率：1.5W。

通信方式：ZigBee。

供电方式：交流电。

材质：PC(聚碳酸酯材料)。

2. 工作原理

燃气探测器的核心部件为燃气传感器，用来探测周围的可燃气体及有毒气体，一旦探测到便会产生一组电信号，再经过电子线路处理转化成为光电信号，继而发出声光报警信号，或启动联动装置，从而达到报警和切断的作用，如图 7-7 所示。

燃气泄漏模拟联动

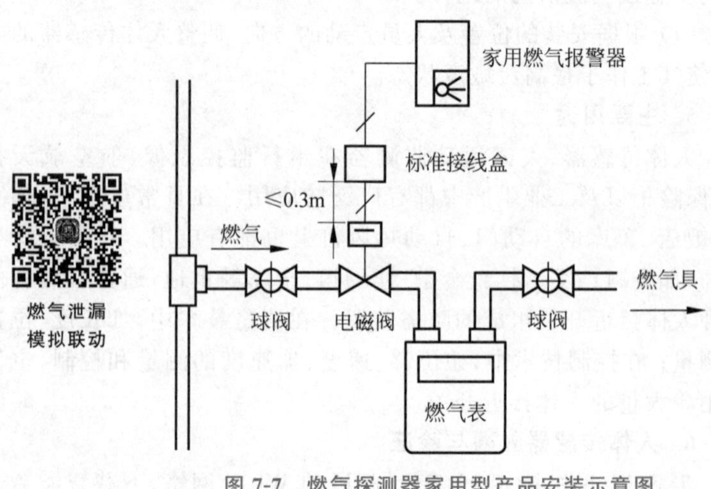

图 7-7 燃气探测器家用型产品安装示意图

笔记

3. 操作说明

燃气探测器概述及安装

接通燃气探测器电源，电源指示灯绿色 LED 长亮，电路进入预热状态，届时红色 LED 与黄色 LED 交替闪烁，约 3min 后停止，表示燃气探测器进入正常工作状态。当燃气探测器探测到有可燃气体泄露并达到探测器设定的报警浓度时，燃气探测器红色 LED 闪烁，并发出报警声音，如图 7-8 所示。

图 7-8 燃气探测器的使用

4. 性能优势

（1）检测灵敏，预警及时：全天 24 小时监测，当燃气探测器采集到周边环境异常数据时，将会第一时间预警，做到防患于未“燃”。

（2）安全可靠，运行稳定：燃气探测器采用电源线/电池双供电，支持 Wi-Fi 和 AP（无线接入点）模式进行无线连接，具有故障报警功能和设备自检功能，无须担心设备故障。

5. 安装注意事项

燃气探测器的安装是否正确直接影响探测器的报警效果，安装时应注意以下事项。

（1）燃气探测器应避免安装在通道等风速大、有水雾或滴水的地方，炉具附近高温、易被油烟、蒸气覆盖的地方（如炉具上方），被其他物体遮挡的地方（如橱柜内），如图 7-9 所示。

（2）燃气探测器应安装在距燃气或气源水平距离 4m 以内、2m 以外的室内墙面上。根据探测燃气的类型，选择安装的上、下位置：液化石油气（P）要求距地面 0.3m 以内；人工煤气（C）、天然气（N）要求距天花板 0.3m 以内。

（3）严禁在燃气探测器周围喷洒油漆或大量有刺激性的气体，如杀虫剂、酒精等。

6. 燃气探测器入网与验证

步骤 1：手机接入 2.4GHz 频段的 Wi-Fi 网络，下载智能 App

笔记

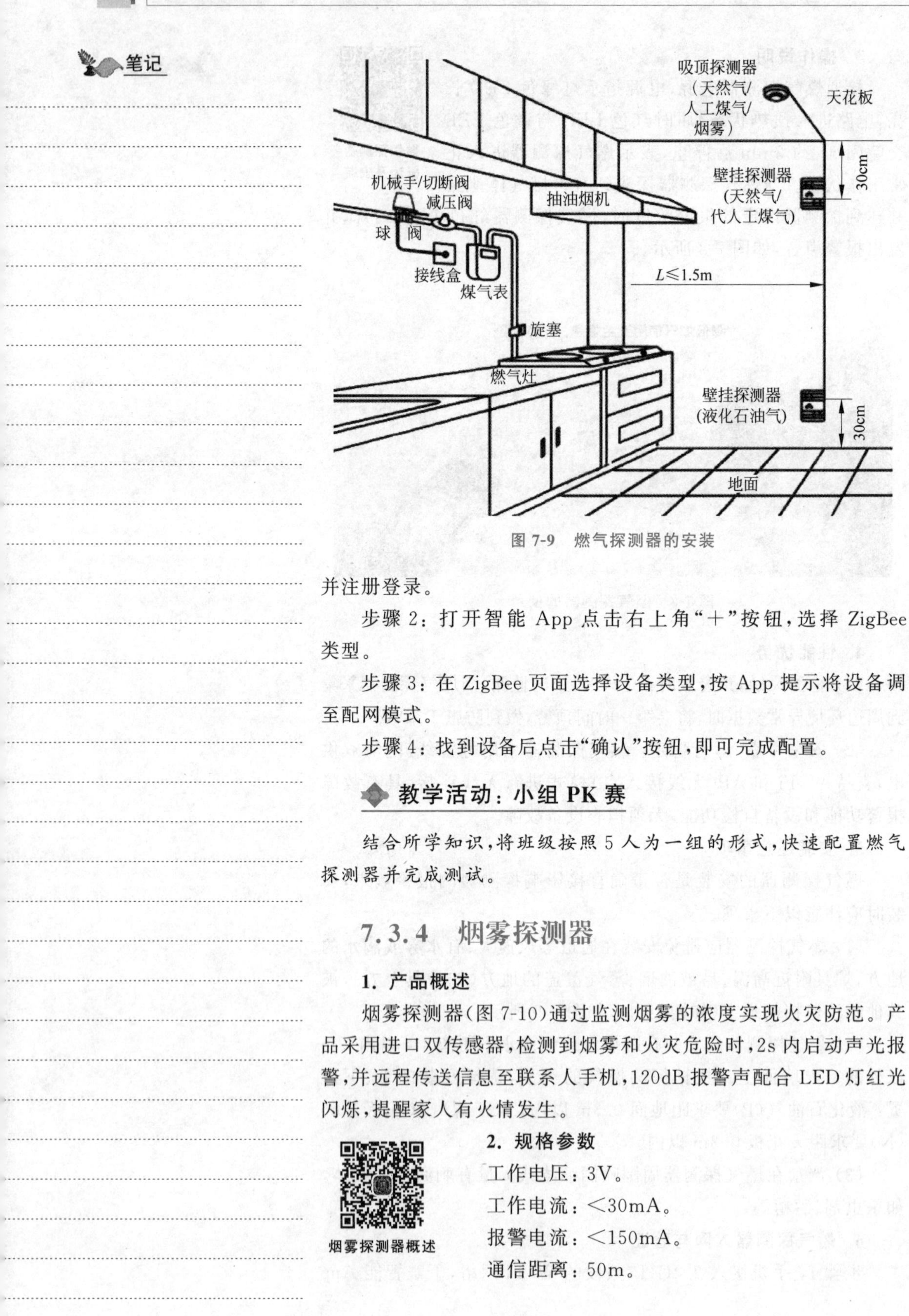

图 7-9 燃气探测器的安装

并注册登录。

步骤 2：打开智能 App 点击右上角“+”按钮，选择 ZigBee 类型。

步骤 3：在 ZigBee 页面选择设备类型，按 App 提示将设备调至配网模式。

步骤 4：找到设备后点击“确认”按钮，即可完成配置。

教学活动：小组 PK 赛

结合所学知识，将班级按照 5 人为一组的形式，快速配置燃气探测器并完成测试。

7.3.4 烟雾探测器

1. 产品概述

烟雾探测器(图 7-10)通过监测烟雾的浓度实现火灾防范。产品采用进口双传感器，检测到烟雾和火灾危险时，2s 内启动声光报警，并远程传送信息至联系人手机，120dB 报警声配合 LED 灯红光闪烁，提醒家人有火情发生。

烟雾探测器概述

2. 规格参数

工作电压：3V。

工作电流：<30mA。

报警电流：<150mA。

通信距离：50m。

笔记

3. 工作原理

烟雾探测器内设电离室，利用烟雾吸附离子的原理进行工作。若外部有烟气进入，电离室吸附部分离子，其等效电阻增大，U_k 升高；烟雾浓度达到一定值，检测电路启动，输出火警信号进行报警，如图 7-11 所示。

图 7-10 烟雾探测器

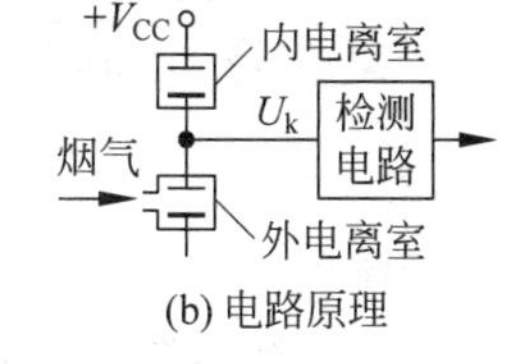

图 7-11 烟雾探测器内部

4. 性能优势

（1）精准探测：内置烟雾浓度检测器，烟雾达到报警浓度时发出声光报警；探测精准，防止误报引发不必要的恐慌。

（2）远程报警：一旦烟雾浓度超出正常标准，报警器立即发送信息至联系人手机，及时采取措施应对险情，如图 7-12 所示。

图 7-12 烟雾探测器的使用

（3）智能检测：可通过自检按钮进行定期自检；若设备出现故障，探测器将发出声光提示，以便及时维修或更换，保证报警器的正常运行。

（4）简单便捷：无须任何工具，将探测器粘贴在天花板上，即贴即用，简单生活，如图 7-13 所示。

5. 安装注意事项

（1）烟雾探测器应避免安装在给气口、换气扇、房门等风流量较大的地方。

（2）烟雾探测器应注意防尘、防潮，不应安装在温度过高或比

笔记

图 7-13 烟雾探测器的应用

较潮湿的地方。

(3) 烟雾探测器安装位置距离墙角必须大于 0.75m。

6. 烟雾探测器入网与验证

步骤 1：手机接入 2.4GHz 频段的 Wi-Fi 网络，下载智能 App 并注册登录。

步骤 2：确保 ZigBee 网关已成功配网，且产品在网关的网络有效覆盖范围内。

步骤 3：打开智能 App，点击右上角“+”按钮，选择设备类型“传感器”。

步骤 4：拔下设备的电池绝缘片，令设备通电。

步骤 5：长按设备组网键 2s 后，绿灯快速闪烁。

步骤 6：App 界面出现提示，绿灯亮 3s 左右后熄灭，配网成功。

教学活动：小组 PK 赛

结合所学知识，将班级按照 5 人为一组的形式，快速配置烟雾探测器并完成测试。

7.3.5 水浸探测器

1. 产品概述

水泄漏模拟联动

水浸探测器(图 7-14)用于探测安装区域的水浸状态，积水漫过传感器探头两极时，闪烁灯告警，同时向网关发送无线报警信号。水浸探测器有防锈设计，有较高的精度与灵敏度，具有低功耗、良好的长期稳定性、可靠性等优点，可广泛应用于多种场合，如图 7-15 所示。

笔记

水浸探测器

图 7-14　水浸探测器

发生意外 猝不及防

老人忘关水、水管老化爆裂、厨房漏水、小孩玩水等
都有可能导致地板和家具被水浸润，造成巨大损失。

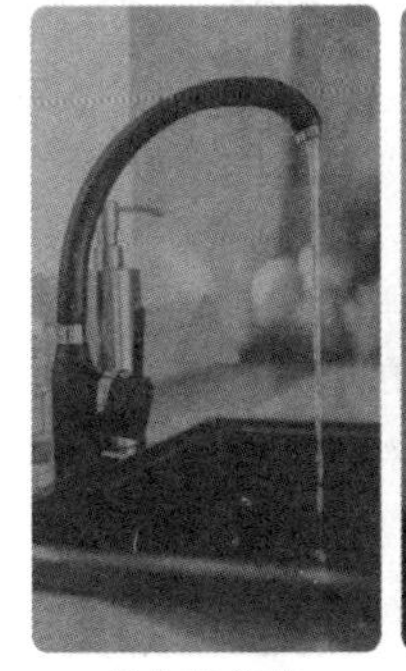

老人忘关水

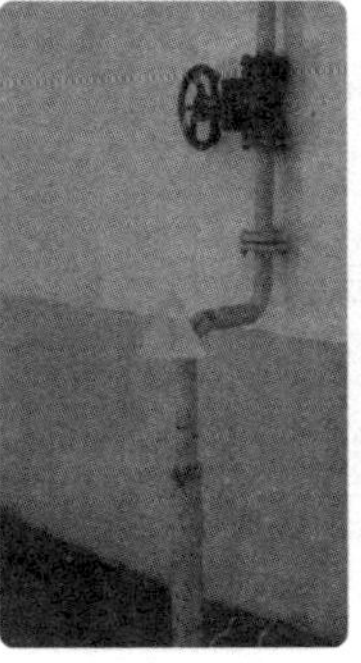

水管老化爆裂

厨房漏水

小孩玩水

图 7-15　水浸探测器的应用 1

2. 规格参数

工作电压：3V。

工作电流：≤30mA。

工作温度：−10～55℃。

待机电流：≤10μA。

3. 工作原理

水浸探测器利用液体导电原理进行检测。正常时两极探头被空气绝缘；在浸水状态下探头导通，报警器输出干接点信号；当探头浸水高度约 1mm 时，即产生告警信号。

4. 性能优势

（1）稳定灵敏：设备采用无线电发射电路和编码技术，解决信号干扰阻塞问题；在−10～55℃的温度环境下稳定工作，探测灵敏。

(2) 远程监控：App 实时监测家中状态，第一时间接收告警信息，及时通知物业处理，避免发生意外，造成损失。

(3) 使用便捷：水浸探测器可根据需求放置在任意位置；隐藏式按键设计，与外观结构融为一体，美观实用。同时可搭配智能阀门控制器使用，在发出警报的同时关闭阀门，停止出水，将损失降到最低(图 7-16)。

图 7-16 水浸探测器的应用 2

5. 安装注意事项

(1) 将水浸探测器安装在容易漏水的区域。

(2) 勿将探测器安装在柜内等声音不易发出的地方。

(3) 勿将探测器安装在有雨水、有油烟、水蒸气笼罩的地方。

(4) 勿将探测器安装在水已经浸没的地方。

6. 水浸探测器入网与验证

步骤 1：手机接入 2.4GHz 频段的 Wi-Fi 网络，下载智能 App 并注册登录。

步骤 2：确保 ZigBee 网关已成功配网，且产品在网关的网络有效覆盖范围内。

步骤 3：打开智能 App，找到 ZigBee 网关，进入子页面，“添加子设备”按钮。

步骤 4：用薄片状工具卡入电池盖槽，逆时针旋转打开电池盖，取出电池绝缘片通电。

步骤 5：长按按键 5～10s，进入配网状态，此时指示灯闪烁。

步骤 6：点击“确认”按钮指示灯闪烁，面板进入“正在连接”界面，等待配网成功。

教学活动：小组 PK 赛

结合所学知识，将班级按照 5 人为一组的形式，快速配置水浸探测器并完成测试。

笔记

7.4 拓展提高

空气质量传感器、风雨传感器

7.4.1 空气质量传感器

空气质量传感器也叫空气环境综合监测仪，主要用于监测空气的温度、湿度、气压、光照、PM2.5、PM10、TVOC等数值，还可监测氧气(O_2)、二氧化碳(CO_2)、一氧化碳(CO)、甲醛(CH_2O)等气体浓度。

在空气质量传感器内部设有恒定光源(如红外发光二极管)，空气通过光线时，其中的颗粒物会对其进行散射，造成光强的衰减，其相对衰减率与颗粒物的浓度成一定比例。在与光源对角的另一侧设有光线探测器(如光电晶体管)，它能够探测到被颗粒物反射的光线，并根据反射光强度输出PWM信号(脉宽调制信号)，从而判断颗粒物的浓度。对于不同粒径的颗粒物(如PM10和PM2.5)，其能够输出多个不同的信号加以区分。

看似简单的工作过程中，其实包含着光线的散射、反射和光强的衰减以及复杂的算法，我们之所以能够在传感器上以不同颜色或数字形式直观看到空气质量指数，空气质量传感器功不可没。目前市场上主流的空气质量传感器分为红外颗粒物传感器和激光颗粒物传感器。

教学活动：讨论

谈谈空气质量传感器的典型应用有哪些。

7.4.2 风雨传感器

当我们出门在外时，碰上刮风下雨天，想到的第一件事就是家里的门窗有没有关上，如果忘记关窗户，那么当我们赶回家时，家里必定是一片狼藉，智能风雨传感器能很好地解决这个问题。

智能风雨传感器如图7-17所示。

顾名思义，就是通过风雨传感器上的一些电子设备感知屋外风雨的大小，并把相应的数据传输到对应的智能开关上，从而让智能中控开关执行一些相应的动作，比如传输到智能网站的数据显示屋外的风力大于5级，就可以启动智能窗帘让其自动关闭。

它的工作核心原理就是利用风雨传感器对室外风速及雨量进行监控，并将触发信号传导至室内的控制盒，以达到依据环境而智能关窗的效果。需要注意的是，环境的关窗功能，需要开窗时仍需要通过遥控器的开启功能。

笔记

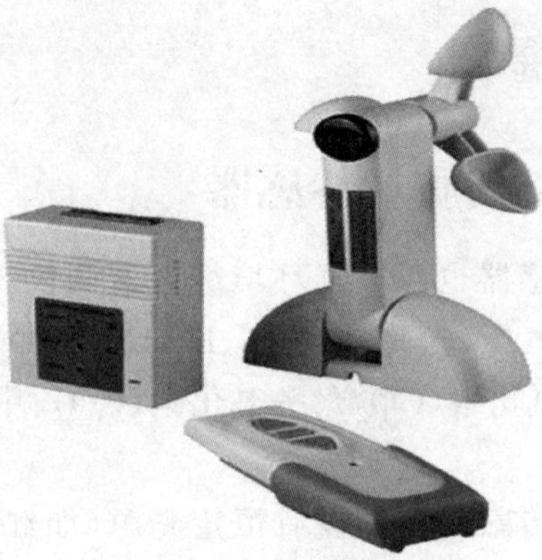

图 7-17　智能风雨传感器

一套完整的智能系统包括风雨传感器、控制盒、开窗器、遥控器。不过一般普通的居家套装是不会安装这个系统的，因为整单元的房间有时并不适合安装该产品，而别墅就很适合安装，可以最大限度地让产品发挥它应有的作用。

教学活动：讨论

谈谈不同的传感器有什么作用。

习题

1. 门磁由两部分组成：较小的部件为________，内部有一块________，用来产生恒定的磁场；较大的是________，它内部有一个常开型的磁簧管。

2. 燃气探测器用于检测________的泄漏，预防气体泄漏造成的危害，报警器选用________传感器，具有________、灵敏度漂移小等特点。

3. 烟雾探测器是根据________的原理来工作的，采用独特的结构设计以及________信号处理技术，具有________、防虫、________功能，从设计上保证了产品的稳定性。

4. 门磁由哪些设备组成？

____

____

____

____

____

____

笔记

5. 门磁的功能及特性是什么？

6. 门磁是如何安装的？

7. 燃气探测器的功能有哪些？

8. 请描述燃气探测器的工作环境。

9. 燃气探测器的特性有哪些？

第8章 智能空调、新风、地暖系统

笔记

教学目标

知识目标

1. 了解嵌入式系统的概念。

2. 掌握智能空调系统的概念。

3. 掌握智能中央空调网关、新风系统、智能地暖的定义。

空调、新风、地暖配网

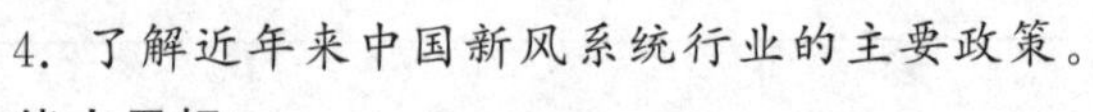

4. 了解近年来中国新风系统行业的主要政策。

能力目标

1. 能进行中央空调、新风系统、智能地暖网关入网与验证。

2. 了解地暖常见的布管铺设方式。

3. 了解地暖系统通热的调试与保养。

空调、新风、地暖的场景控制

素质目标

1. 培养学生自立自强、自主创新的精神。

2. 培养学生的民族自豪感、民族自信心以及使命感。

3. 培养学生科技报国、创新为民的精神。

8.1 空调系统

空调系统

8.1.1 嵌入式系统

嵌入式系统作为物联网重要的技术组成，学习它有助于我们更深刻地、全面地理解物联网的本质。

嵌入式系统技术是综合了计算机软硬件、传感器技术、集成电路技术、电子应用技术为一体的复杂技术。经过几十年的演变，以嵌入式系统为特征的智能终端产品随处可见，小到MP3，大到卫星系统。嵌入式系统正在改变着人们的生活，推动着工业生产以及国防工业的发展。如果把物联网用人体做一个简单的比喻，传感器相当于人的眼睛、鼻子、皮肤等感官，网络相当于神经系统用来传递信息，嵌入式系统相当于人的大脑，在接收到信息后要将信息进行分类处理。这个比喻很形象地描述了传感器、嵌入式系统在物联网中的位置与作用。

嵌入式系统作为物联网的重要技术基础，其服务在绿色农业、工业监控、移动医疗、移动办公、军工协同、公共安全、城市管理、远程医疗、智能家居、智能交通和环境监测、智能电网监控等行业均有应用。

智能空调、新风系统、地暖系统是调节家中温度和空气环境的重要系统，通过智能主机与三大系统的配合，可实现对家中温度和空气的实时控制。在智能空调、新风系统、地暖系统中也有嵌入式系统技术的一些应用。

案例导入

新家装修完毕后室内散发出各种家装留下的化学气味，这时我们打开新风系统对室内的空气进行净化，降低室内空气中甲醛等有害气体的含量；炎炎夏日，太阳暴晒之时，温度感应器感应到温度过高，自动通知空调打开制冷模式降低室内温度，让人们在舒适的环境中生活；大雪纷飞时节，回家提前通过手机远程打开家里面的地暖供热系统，暖气同步开启，新风保持对流……

空调又叫空气调节器(air conditioner)，是指用人工手段对建筑/构筑物内环境空气的温度、湿度、洁净度等参数进行调节和控制的过程。

1915年，卡里尔成立了一家公司，它是世界最大的空调公司之一。但空调发明后的20年，享受的一直都是机器，而不是人。直到1924年，底特律的一家商场，常因天气闷热而有不少人晕倒，而首先安装了三台中央空调，此举大大成功，凉爽的环境使得人们的消费欲望大增，自此，空调成为商家吸引顾客的有力工具，空调为人们服务的时代正式来临了。

空调可以普及主要是通过电影院。20世纪20年代的电影院利用空调技术，承诺能为观众提供凉爽的空气，使空调变得和电影本身一样吸引人，而夏季也取代了冬季成为看电影的高峰季节。随后出现了大量全年开放的室内娱乐场所，如室内运动场和商场，这些都归功于空调的出现。

目前市面上比较常用的空调主要有壁挂式空调、立柜式空调、窗式空调、吊顶式空调、中央空调。

空调的结构包括压缩机、冷凝器、蒸发器、四通阀、单向阀毛细

笔记

管组件等。

中央空调也称为中央空调系统,由一个或多个冷热源系统和多个空气调节系统组成,该系统不同于传统冷剂式空调(如单体机,VRV),它集中处理空气以达到舒适要求。采用液体气化制冷的原理为空气调节系统提供所需冷量,用以抵消室内环境的热负荷;制热系统为空气调节系统提供所需热量,用以抵消室内环境冷负荷。

教学活动:讨论

说一说嵌入式系统与物联网系统的关系。

8.1.2 中央空调网关

运用中央空调网关,既能对空调机组进行集中设置、监视管理,又能单独控制每台分机。客厅、书房、主卧仅需一台网关就能掌控每间房的室温,为日常生活注入科技感。中央空调控制器不仅可用于家庭管理,还广泛应用于酒店中控、机房监控、大型场馆、医院、学校、商业空间等空间领域,给人们的工作、学习、生活带来了很多便利,如图 8-1 所示。

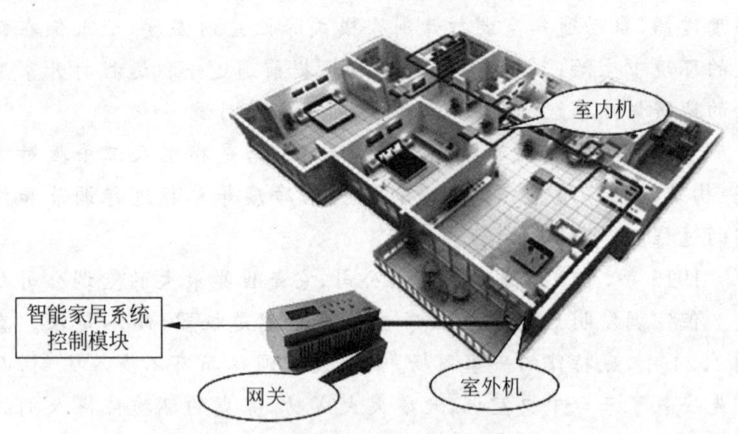

图 8-1 空调与智能家居连接示意图

8.1.3 中央空调网关入网与验证

智能中央空调网关及其入网与验证

中央空调网关入网与验证,如表 8-1 所示。

添加成功后,即可在"我的家"设备列表中找到设备,通过图 8-2 可以发现所支持的众多空调品牌。

表 8-1　中央空调网关入网与验证

手机联入 2.4GHz Wi-Fi 网络，下载 App 并注册/登录	确保 ZigBee 网关已成功配网，且产品在网关的网络有效覆盖范围内	确保空调可以正常运转，无故障，设备已经和空调正常连接并显示所连接的空调数量
 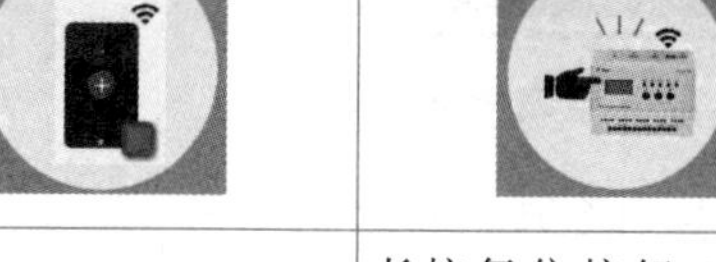		
点击的“＋”按钮选择“其他”→“其他设备（ZigBee）”	长按复位按钮 5s 及以上，蜂鸣器长响数秒，待响声停止点击“确认”按钮指示灯在快闪	液晶屏显示“入网成功”字样，表示已完成网络配置

图 8-2　支持的空调品牌

8.1.4　中央空调的特点

（1）高效节能：采用模块化主机，根据设置自动调节制冷量。合理地将室内进行分区控制，分别调节各个区域内的空气。

（2）舒适感好：采用集中空调的设计方法，送风量大，送风温差小，房间温度均匀。送风方式多样化，不同于分体式空调那样只有一种送风方式，中央空调可以实现多种送风方式，能够根据房型的具体情况制定不同的方案，增强人体的舒适性。

（3）外形美观：可根据用户需求与喜好，实施从设计到安装的综合解决方案。系统采用暗装方式，能配合室内的高档装修。同时由于室外机组的合理安置不会破坏建筑物的整体外形美观。

（4）四季运行：夏季，制冷机组运行，实现冷调节；冬季，冷机配合热源共同使用，实现冬季采暖。在春、秋两季可以用新风直接送风，达到节能、舒适的效果。

笔记

笔记

8.1.5 智能空调控制器

智能空调控制器如图 8-3 所示,它的优势如下。

图 8-3 智能空调控制器

(1) 显示界面清晰简洁,各项参数一目了然。

(2) 功能齐全,操作简单,按下相应按键,功能自动调节。

(3) 打开 App 一键开关空调,调节温度和风速,享受智能便捷生活,如图 8-4 所示。

(4) 语音声控。

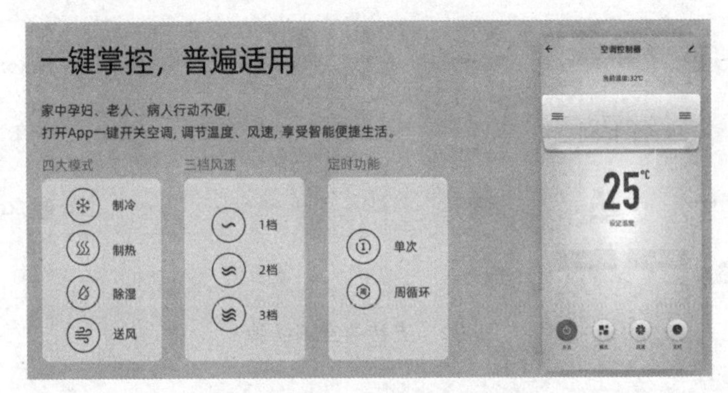

图 8-4 智能空调控制器的使用

8.1.6 智能空调控制器的入网与验证

智能空调控制器的入网与验证如表 8-2 所示。

表 8-2 智能空调控制器的入网与验证

			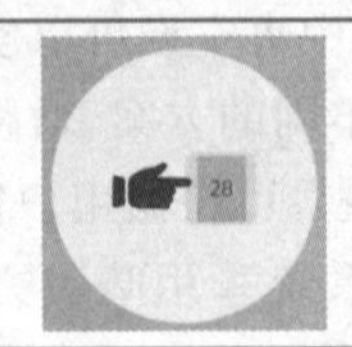	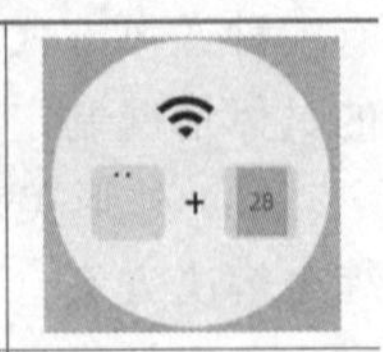
手机接入 2.4GHz Wi-Fi 网络,下载 App 并注册/登录	打开 App,在"智能网关"页面点击"+"按钮,选择相应的设备类型	长按复位按钮 10s 以上,配网指示灯闪烁,根据 App 指引成功添加设备	点击"确认"按钮,指示灯闪烁,等待配网成功	

笔记

教学活动：小组 PK 赛

分小组进行某智能别墅项目中智能空调控制器的入网与验证。

8.2　新风系统

新风系统的起源要追溯到1935年，奥斯顿·淳以在经过多次尝试制造出了世界上第一台可以过滤空气的热交换设备。新风系统被重视是从1952年英国伦敦的雾霾事件开始的。当时英国正处于工业高速发展时期，排放了大量细颗粒物（PM 2.5）。于是，欧洲开始出现了家用微循环空气置换系统，同时随着科技的发展，新风系统也从单一的空气置换到现在的新风＋净化＋杀菌于一体。

新风系统的定义

我们都知道，室内空气中的有害物质不限于颗粒物、超标的二氧化碳、宠物毛发、尘螨等过敏源，细菌、病毒也会对人体健康造成威胁，尤其是对免疫力较低的儿童和老人。要想解决这个问题，应保持室内空气流通。但是长期开窗会导致气流紊乱，且室外空气夹带大量室外的粉尘，影响室内清洁卫生；还有令人烦躁的噪声以及夏天空调或冬季采暖造成的能源浪费。鉴于以上种种原因，新风系统是解决室内空气质量问题行之有效的办法。

8.2.1　新风系统的定义

新风系统是由送风系统和排风系统组成的一套独立空气处理系统，它分为管道式新风系统和无管道新风系统两种。管道式新风系统由新风机和管道配件组成，通过新风机净化室外空气导入室内，通过管道将室内空气排出；无管道新风系统由新风机组成，同样由新风机净化室外空气导入室内。相对来说，管道式新风系统由于工程量大，更适合工业或者大面积办公区使用；而无管道新风系统因为安装方便，更适合家庭使用。

新风系统在国外的发展相对成熟，在国内暂时处于起步阶段。目前多运用于大型公共建筑和高档住宅之中。调查显示，中央新风系统在我国建筑中的应用比例还不足10%。这个数据与我国市场上的庞大需求是极不成比例的。这主要是由于目前国民对新风系统还缺乏了解。调查显示，68%的民众并不了解中央新风系统。其中有高达80%的人认为中央空调就是新风系统。

8.2.2　新风系统通风原理

新风系统是在密闭的室内一侧用专用设备向室内送新风，再

笔记

从另一侧由专用设备向室外排出，在室内形成新风流动场，从而满足室内新风换气的需要。实施方案是：采用高风压、大流量风机，依靠机械强力由一侧向室内送风，由另一侧用专门设计的排风机向室外强迫排出空气，在系统内形成新风流动场。在送风的同时对进入室内的空气进行过滤、消毒、杀菌、增氧、预热(冬天)，如图 8-5 所示。

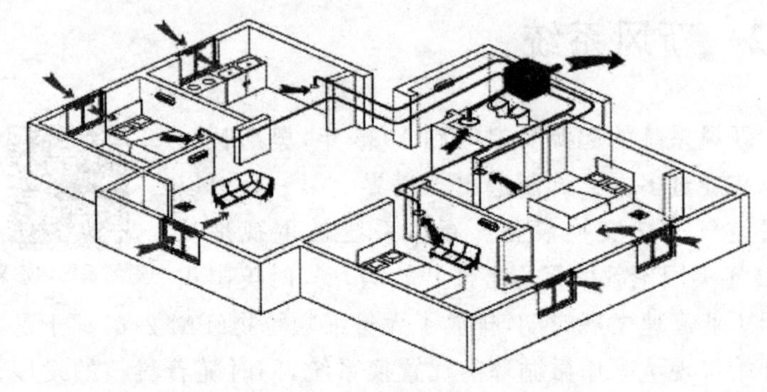

图 8-5　新风系统安装示意图

8.2.3　按送风方式的系统分类

1. 单向流新风系统

单向流新风系统是基于机械式通风系统三大原则的中央机械式排风与自然进风结合而形成的多元化通风系统，由风机、进风口、排风口及各种管道和接头组成。安装在吊顶内的风机通过管道与一系列的排风口相连，风机启动，室内混浊的空气经安装在室内的吸风口通过风机排出室外，在室内形成几个有效的负压区，室内空气持续不断地向负压区流动并排出室外，室外新鲜空气由安装在窗框上方(窗框与墙体之间)的进风口不断地向室内补充，从而一直呼吸到高品质的新鲜空气。单向流新风系统的送风系统无须送风管道的连接，而排风管道一般安装于过道、卫生间等通常有吊顶的地方，基本上不额外占用空间。

2. 双向流新风系统

双向流新风系统是基于机械式通风系统三大原则的中央机械式送、排风系统，是对单向流新风系统有效的补充。在双向流系统的设计中，排风主机与室内排风口的位置与单向流分布基本一致，不同的是双向流系统中的新风是由新风主机送入的。新风主机通过管道与室内的空气分布器相连接，新风主机不断地把室外新风通过管道送入室内，以满足人们日常生活所需新鲜、有质量的空气。排风口与新风口都带有风量调节阀，通过主机的动力(排与送)来实现室内通风换气。

3. 地送风新风系统

由于二氧化碳比空气重，因此越接近地面含氧量越低，从节能

笔记

方面来考虑,将新风系统安装在地面会得到更好的通风效果。从地板或墙底部送风口或上送风口所送冷风在地板表面上扩散开来,形成有组织的气流,并且在热源周围形成浮力尾流带走热量。由于风速较低,气流组织紊动平缓,没有大的涡流,因而室内工作区空气温度在水平方向上比较一致,而在垂直方向上分层,层高越大,这种现象越明显。由热源产生向上的尾流不仅可以带走热负荷,也将污浊的空气从工作区带到室内上方,由设在顶部的排风口排出。底部风口送出的新风、余热及污染物在浮力及气流组织的驱动力作用下向上运动,所以地送风新风系统能在室内工作区提供良好的空气品质。

8.2.4 按安装方式的系统分类

1. 管道新风系统

中央管道新风系统通过管道与新风主机连接,系统原理为:在厨房、卫生间装设排风机及排风管道等配套设施,在卧室、客厅装设进风口。排风机运转时,排出室内原有空气,使室内空气产生负压,室外新鲜空气在室内外空气压差的作用下,通过进风口进入室内,以此达到室内通风换气的目的。

2. 单体新风系统

单体新风系统是近几年新上市的新风系统产品,包括壁挂式新风系统和落地式新风系统。其主体结构与中央新风系统并无太大的区别,不同点在于单体新风系统不需要复杂管道工程,安装方式十分简单,无论装修前后都可以安装,后期的维护成本也十分低廉。

按通风动力分类:自然通风、机械通风。

按通风服务范围分类:全面通风、局部通风。

按气流方向分类:送(进)、排风(烟)。

按通风目的分类:一般换气通风、热风供暖、排毒与除尘、事故通风、防护式通风、建筑防排烟等。

按动力所处的位置分类:动力集中式和动力分布式。

按样式分类:立柜(落地式)、柜式、壁挂式、吊顶式。

8.2.5 新风系统的优点

(1) 提供新鲜空气。一年 365 天,每天 24 小时源源不断为室内提供新鲜空气,不用开窗也能享受大自然的新鲜空气,满足人体的健康需求。

(2) 驱除有害气体。

(3) 防霉除异味。将室内潮湿污浊空气排出,根除异味,防止发霉和滋生细菌,有利于延长建筑及家具的使用寿命。

笔记

(4) 减少噪声污染。无须忍受开窗带来的纷扰,使室内更安静、更舒适。

(5) 防尘。避免开窗带来大量的灰尘,有效过滤室外空气,保证进入室内的空气洁净。

8.2.6 新风系统智能控制器

新风系统智能控制器如图 8-6 和图 8-7 所示。

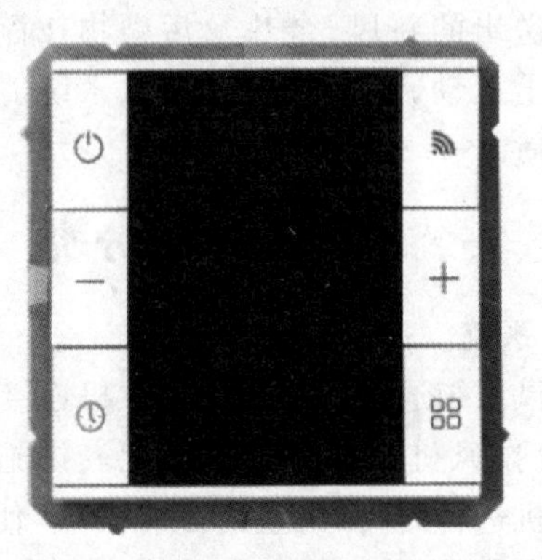

图 8-6 新风系统智能控制器 1

图 8-7 新风系统智能控制器 2

产品参数如下。

工作电压：AC 220V。

供电方式：零火线供电。

屏幕显示：系统时间/联网状态/设定风速/定时时间。

按键功能：开关/设定风速/定时设置。

开关机械寿命：>40000 次(额定功率)。

通信方式：ZigBee。

新风系统智能控制器的应用使新风系统在智能化方面取得了新的突破,可以通过手机 App 一键送风,定时控制,实时监控室内空气质量,从而更好地保护人们的健康,如图 8-8 所示。

笔记

图 8-8 新风系统应用场景

8.2.7 新风系统智能控制器入网与验证

步骤 1：手机接入 2.4GHz Wi-Fi 网络，下载 App 并注册/登录。

步骤 2：打开 App，在“智能网关”页面点击“+”按钮，选择相应设备类型。

步骤 3：长按复位按钮 10s 以上，至配网指示灯闪烁。

步骤 4：点击“确认”按钮，指示灯闪烁，等待配网成功。

教学活动：小组 PK 赛

分小组进行重庆金科九曲河智能别墅项目中新风系统智能控制器的入网与验证。

8.3 地暖系统

地暖是一项既古老又崭新的技术。我国地面采暖可追溯到明朝末年，是皇宫王室才能拥有的取暖方式，如现存的故宫，在青砖地面下砌好烟道，冬天通过烟道传烟并合理配置出烟窗以达到把青砖温热而后传到室内，使室内产生温暖的效果。以后中国北方农村出现火墙、火炕的取暖方式，韩国、日本出现地炕。随着科技时代的到来，地面供暖技术已从原始的烟道散热、火炕式采暖发展成为以现代材料为热媒的地面辐射供暖。该技术早在 20 世纪 30 年代就在发达国家开始应用，我国在 50 年代将该技术应用于人民大会堂、华侨饭店等工程中。随着我国社会的进步和发展，人民生活水平的日益提高，住宅产业化的迅猛发展，地暖在我国推广普及日益加快。到了 21 世纪，地暖在中国更加普及，已制定了行业标准。

2001 年，我国成立了地面辐射供暖推广小组，大力倡导以地面辐射供暖为主的取暖方式。

笔记

2004年10月1日,由中国建筑研究主编的行业标准《地面辐射供暖技术规程》正式实施。

为此,我国就以秦岭-淮河为界,划分了集中供暖和非集中供暖区域。

8.3.1 地暖的定义

地暖是地板辐射采暖的简称,是以整个地面为散热器,通过地板辐射层中的热媒,均匀加热整个地面,通过地面以辐射和对流的传热方式向室内供热,达到舒适采暖目的。按不同传热介质分为水地暖和电地暖两类,按不同铺装结构主要分为干式地暖和湿式地暖两种。

1. 电地暖系统

电地暖系统是一种低温、大面积辐射式采暖系统,系统将发热电缆安装在采暖空间的地面内,地暖以发热电缆作为发热体,以电力作为能源,将电能转化为热能,从而带动居室温度的提高。电地暖系统和水地暖系统所采用的热媒不同,水地暖系统以低温水作为热媒,电地暖系统则将电能转化为热能。

电地暖系统是传统的地板采暖系统,因其耗电量较大,近年来逐渐被水地暖代替。

2. 水地暖系统

水地暖系统又称低温地暖辐射采暖系统。它的工作原理是:锅炉和地面管道连接,其管道安装在地板下,采用30～60°C的热水在管道内循环流动,热量从地板下发出,对每个房间可以根据需要进行独立的温度调整。水地暖系统是被广大用户公认的卫生、舒适的科学采暖系统,但在选择热水源时,一定要选择质量和容量都达到良好标准的锅炉,良好的锅炉会保证家庭采暖稳定,保证热水器的采暖热源充足。

8.3.2 地暖的主要参数

(1) 供水温度:50～60℃,最高温度不应超过60℃。

(2) 供水压力:0.3～0.5MPa,最高不应大于0.8MPa。

(3) 供回水温差:不宜大于10℃。

(4) 加热管内热水流速:宜控制在0.25～0.5m/s。

(5) 地热辐射采暖结构厚度:50～80mm(不包括找平层和地面装饰层厚度),其中隔热层30～50mm,填充层25～30mm。

(6) 地热辐射采暖层结构重量:70～120kg/m^2。

(7) 每环路加热管长度宜控制在60～80m,最长不应超过100m,每套分集水器不宜超过6个回路。

笔记

8.3.3 常见的布管铺设方式

地暖常见的布管铺设方式

地暖管路的铺设可以有多种形式，但是它既要保证向房间提供足够的热量，又要满足人们对于舒适感的要求，所以在选择布管形式以及管路间距时根据具体情况而定，不能千篇一律。

螺旋形布管：这种方式通常可以产生均匀的地面温度，并可通过调整管间距来满足局部区域的特殊要求，由于采用螺旋形布管时管路只弯曲了90°，材料所受弯曲应力较小，所以推荐这种方式。

迂回形布管：这种方式通常产生的温度一端高一端低，而且布管时管路要弯曲180°，材料所受应力较大，所以只推荐在较狭小空间内采用。

混合形布管：由于房间结构复杂多样，除上述典型布管方式外，混合形布管方式也经常被采用。

8.3.4 安装智能地暖温控器的优点

地暖温控器如图8-9所示。

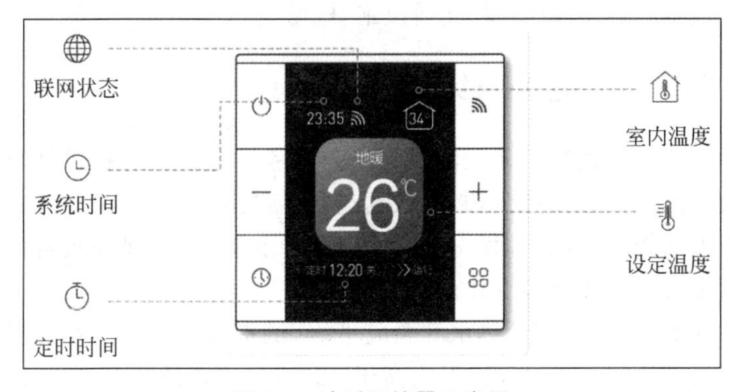

图8-9　地暖温控器示意图

产品材质：PC。

工作电压：AC 220V。

供电方式：零火线供电。

通信方式：ZigBee。

按键功能：开关/设定温度/定时设置。

最大负载功率：2路控制阀门开关，1路20A大功率输出。

(1) 舒适。根据科学研究表明，当人体的脚部温度比头部温度高3℃左右的时候人体感觉最为舒适。而智能地暖控温器能精确地控温，可以让用户走在舒适的25℃左右地表上，感受到无尽的温暖舒适体贴。

笔记

(2) 节能。上班途中想起家中地暖未关,只需打开手机 App,一键关闭。睡前只需打开手机 App 预设关闭时间,地暖到点定时关闭,节能省心。

8.3.5 地暖温控器安装入网与验证

步骤 1:手机接入 2.4GHz Wi-Fi 网络,下载 App 并注册/登录。

步骤 2:打开 App,在“智能网关”页面点击“+”按钮,选择相应设备类型。

步骤 3:长按复位按钮 10s 以上,配网指示灯闪烁,根据 App 指引成功添加设备。

步骤 4:点击“确认”按钮,指示灯闪烁,等待配网成功。

8.3.6 地暖的使用范围

住宅:独立住宅、公寓大厦、办公楼等。

公共建筑:学校、图书馆、医院、银行、会馆、餐厅等。

体育娱乐设施:足球场、体育馆、网球馆、游泳馆。

产业设施:工厂车间、厂房、浴池、设施保温等。

其他:温室、植物园、交通设施、机场等。

8.3.7 地暖系统通热的调试

地暖系统通热调试是确保并进一步考核和检验工程设计与施工质量的一个重要环节,必须认真进行。试运行时,初次加热的水温应严格控制,升温过程一定要保持平稳和缓慢,确保建筑构件对温度上升有一个逐步变化的适应过程。

初始加热时,调试热水升温应平缓,供水温度应控制在比当时环境温度高 10℃左右,且不应高于 32℃,并应连续运行 48h,以后每隔 24h 水温升高 3℃,直到达到设计供水温度。在此温度下应对每组分水器、集水器连接的加热管逐路进行调节,直至达到设计要求。

(1) 系统安装后当年冬季不启用,如室内温度低于 5℃,应将本系统中的水用空压机全部吹出,以防系统受冻。

(2) 初次供暖(运行调试)应在该公司技术人员指导下进行,未经调试严禁投入使用。

(3) 低温热水地板辐射采暖系统的供水温度宜采用 5~50℃,不宜超过 60℃,供热系统的工作压力不超过 0.8MPa。

(4) 用户每年冬季启用地热采暖系统时,一定要严格按照规定的加热程序循序渐进,不能一步升温到位。

笔记

(5) 用户可在每年使用前清洗分水器前端的过滤器,以保证水管的清洁,防止管路堵塞。具体方法如下:首先关闭连接导管的进、回水阀门,然后打开过滤器,取出过滤网并清洗干净,检查过滤网有无破损、堵塞,如有损坏,应换上同规格的过滤网,按原样装好即可。

(6) 地暖系统在开始供水或使用过程中,管道中可能积存空气,影响采暖效果,这时可打开分、集水器的放气阀,将气体排出,方法和传统供热相同。

(7) 铺设在地面下的地暖管距地板面仅约 3~4cm,砸碰、敲击地面容易伤及地暖管,因此铺设地暖管道的地面严禁敲砸、撞击等,严禁在地面上楔入任何尖锐物,以防损坏地暖管。严禁使地面承受 $2t/m^2$ 以上的载荷。

(8) 严禁在分、集水器附近及铺设了地暖管的地面上放置高温热源,以防破坏管道系统。

(9) 冬天不启用地热采暖系统时应注意保护,防止分水器部件冻裂或采暖管中的水结冰。

8.3.8 地暖系统的保养

(1) 检查:停暖后,采暖设备的温度降低,由于热胀冷缩现象,可能导致管道各接口、阀门处漏水。接口处轻微漏水,可以系上一条毛巾把水吸走。漏水严重,应尽快联系物业或专业地暖售后公司进行维修。

(2) 清洗过滤网:一般来说,是对地暖系统中过滤阀、过滤器等配件的过滤网进行清洗,并检查过滤网有无破损、堵塞,如果过滤网出现损坏,必须更换同规格型号的新过滤网,按原样装好。注意在拆卸过滤网的过程中一定要小心,谨防有杂物进入管内。

(3) 管道清洗:很多人认为地暖系统处于一个封闭的环境中,不会进灰更无须清洗,殊不知如果不定期清洗,管道就会成为细菌滋生的温床,且淤泥、锈垢、菌藻等易堵塞管道。正常的地暖管道每 1~2 年清洗一次即可。

(4) 满水保养:一般当地暖系统停止运行后,地暖管通常都是保持满水保养的。但并不是保留原有采暖的热水,而是将原先的水放掉,然后将水管冲洗干净,同时排除管内的空气,就这样一直把水保留在水管中,直到下个采暖季使用前。

教学活动:讨论

说一说常见的地暖布管铺设方式。

笔记

习题

1. 智能空调控制器有哪些优势？

2. 新风系统按送风方式分几类？

3. 新风系统的优势有哪些？

4. 新风系统的通风原理是什么？

5. 地暖温控器有哪些优势？

6. 地暖的使用范围是什么？

7. 地暖系统如何保养？

第9章

智能别墅设计

笔记

教学目标

知识目标

1. 掌握智能别墅的概念。
2. 了解别墅分类。

能力目标

1. 了解别墅设计要求。
2. 了解别墅的布线规则。
3. 能进行别墅装修成本核算。
4. 能进行客厅、厨房、卧室、卫生间设计体验区的体验活动。

素质目标

1. 培养学生树立明确的学习和生活目标。
2. 培养学生坚韧不拔、敢于尝试和勇攀高峰的精神。

9.1 智能别墅

智能别墅的概念

9.1.1 智能家居的应用

现阶段,智能家居是指以住宅为平台,利用综合布线技术、网络通信技术、安全防范技术、自动控制技术、音视频技术,将家居生活有关的设施集成,构建高效的住宅设施与家庭日常事务的管理系统,提升家居安全性、便利性、舒适性、艺术性,并实现环保节能的居住环境。

智能家居系统是实现智能家居功能的设施,主要包含八大子系统:家居照明控制子系统、家庭安防子系统、家庭环境控制子系统、背景音乐子系统、家庭娱乐子系统、家庭能量管理(三表抄送)子系统、家庭自动化子系统和家庭信息处理子系统。

笔记

智能家居系统通常能提供以下服务。

(1) 始终在线的网络服务,与互联网随时相联,为在家办公提供方便条件。

(2) 智能安防可以实时监控非法闯入、火灾、煤气泄露、紧急呼救的发生,一旦出现警情,系统会自动向中心发出报警信息,同时启动相关电器进入应急联动状态,从而实现主动防范。

(3) 家电的智能控制和远程控制,如对灯光照明进行场景设置和远程控制、电器的自动控制和远程控制等。

(4) 交互式智能控制:可以通过语音识别技术实现智能家电的声控功能;通过各种主动式传感器(如温度、声音、动作等)实现智能家居的主动性动作响应。

(5) 环境自动控制:如家庭中央空调系统。

(6) 提供全方位家庭娱乐:如家庭影院系统和家庭中央背景音乐系统。

(7) 现代化的厨卫环境:主要指整体厨房和整体卫浴。

(8) 家庭信息服务:管理家庭信息及与小区物业管理公司联系。

(9) 家庭理财服务:通过网络完成理财和消费服务。

(10) 自动维护功能:智能信息家电可以通过服务器直接从制造商的服务网站上自动下载、更新驱动程序和诊断程序,实现智能化的故障自诊断、新功能自动扩展。

案例导入

比尔·盖茨的智能豪宅坐落在美国西雅图的华盛顿湖畔,从市区开车只需25分钟。外界称它是“未来生活预言”的科技豪宅,换句话说,它指引着数字生活的航向。访客从一进门开始,就会领到一枚内有微晶片的胸针,通过它你可以预先设定偏好的温度、湿度、灯光、音乐、画作等,无论你在别墅的哪个角落,里面的传感器都会将这些资料传送至Windows NT系统的中央计算机,将周边环境调整至你设定的状态。走进大厅,空调已将室温调整到最舒适,高级音响“忙活”起来,它同样掌握客人的不同品味。灯光也随即调换色调。墙上的大屏幕液晶电视会自动显示你喜欢的名画或影片。这些动作都是自动完成,根本不需要用遥控器操作。这枚电子胸针不但能辨认客人,还把每位来宾的详细资料收集起来,如果没有这枚“胸针”就麻烦了,防卫系统会把陌生的访客当作“小偷”或者“入侵者”,拉响警报。

据了解,整座豪宅内,数字神经绵密完整,种种信息家电就此通过联结而“活”起来。智能豪宅里唯一带有传统意味的事物是一棵140岁的老枫树。比尔·盖茨非常喜欢它,于是,他对这棵树进

笔记

行 24 小时的全方位监控，一旦监视系统发现它有干燥的迹象，将释放适量的水来为它“解渴”。

能拥有一幢既舒适且功能齐全的别墅是每个人梦寐以求的事。别墅的装修该如何设计呢？尤其是面积比较大、设施购置较为齐全的别墅，智能家居方案应如何设计呢？

别墅多建在城郊或风景区，我国古代称别业、别馆，3 世纪，意大利山坡地带出现台阶式别墅。我国在西晋时期出现别墅，如洛阳石崇的金谷别墅。此外，历代著名的别墅有唐代蓝田王维的辋川别业、明代苏州的拙政园、清代杭州的金鳉别业和北京的勺园。近代、现代最具特色的别墅有赖特设计的流水别墅，勒·柯布西耶设计的萨伏伊别墅等。别墅设计要点是因景、因地制宜，布局灵活，体型轻巧，结构简洁。

现在对别墅的普遍认识是，除“居住”这个住宅基本功能以外，更主要的是体现生活品质及享用特点的高级住所，在现代词义中为独立的园林式居所，都是独立成栋的，如图 9-1 所示。

图 9-1 别墅效果图

9.1.2 别墅的分类

别墅的分类

别墅分为独栋别墅、双拼别墅、联排别墅、叠拼别墅和空中别墅五种。

(1) 独栋别墅。即独门独院，上有独立空间，下有私家花园领地，是私密性极强的单体别墅，表现为上、下、左、右、前、后都属于独立空间，一般房屋周围都有面积不等的绿地、院落。这一类型的别墅是别墅历史最悠久的一种，私密性强，市场价格较高，也是别墅建筑的终极形式。

(2) 双拼别墅。它是联排别墅与独栋别墅之间的中间产品，是由两个单元的别墅拼联组成的单栋别墅。在美国比较流行的 2-PAC 别墅是一种双拼别墅。它降低了社区密度，增加了住宅采光面积，使其拥有了更宽阔的室外空间。双拼别墅基本是三面采光，外侧的居室通常会有两个以上的采光面，一般来说，窗户较多，通风好，重要的是采光和观景。

笔记

(3) 联排别墅。它有自己的院子和车库,由三个或三个以上的单元住宅组成,一排二至四层联结在一起,每几个单元共用外墙,有统一的平面设计和独立的门户。联排别墅是大多数经济型别墅采取的形式之一。

(4) 叠拼别墅。它是联排别墅叠拼式的一种延伸,介于别墅与公寓之间,是由多层的别墅式复式住宅上下叠加在一起组合而成。一般四至七层,由每单元二至三层的别墅户型上下叠加而成,这种开间与联排别墅相比,独立面造型可丰富一些,同时在一定程度上克服了联排别墅窄进深的缺点。

(5) 空中别墅。空中别墅发源于美国,称为 penthouse,即"空中阁楼",原指位于城市中心地带,高层顶端的豪宅。一般理解是建在公寓或高层建筑顶端具有别墅形态的大型复式/跃式住宅。要求产品符合别墅全景观的基本要求、地理位置好、视野开阔、通透等。

我国别墅智能化起步较早,主要集中在高端别墅项目中。别墅智能系统相对于酒店、公寓系统来说是一个复杂的系统,涉及计算机、通信、控制、互联网等领域的技术。智能化系统通常面向家庭、住宅小区和社会性公共服务管理部门三个层面,通过为家庭直接提供便利,为小区及社会性服务与管理机构提供先进的管理服务手段,从而为家庭营造安全、舒适、便利的生活环境。别墅智能化系统以网络技术为基础,将各类网络技术综合运用于家庭和住宅小区,使各类传感器、自动控制设备、数据采集设备、信息显示设备直接连接于网络,从而形成网络化的管理控制系统,如图 9-2 所示。

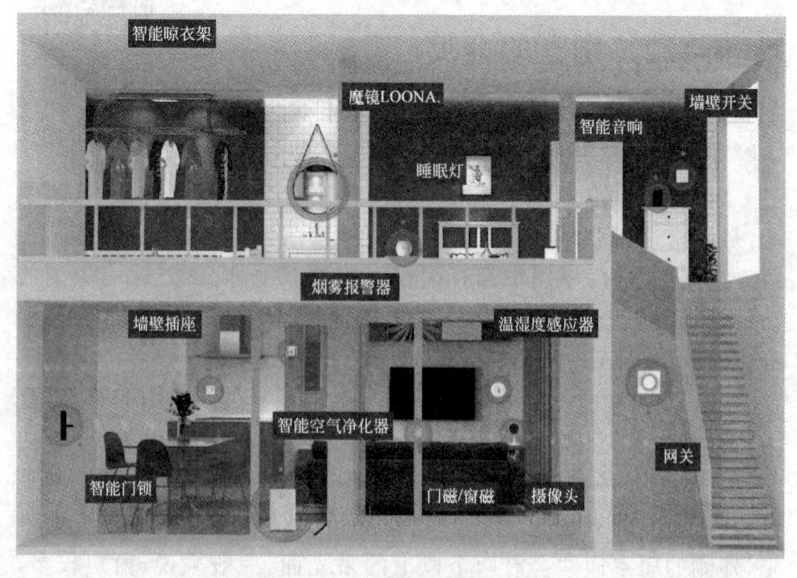

图 9-2 别墅管理控制系统

9.1.3　别墅的设计要求

别墅的设计要求

笔记

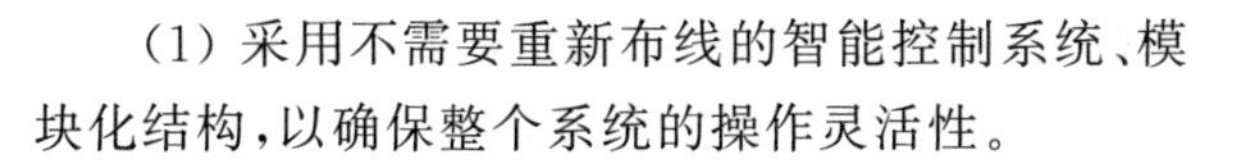

(1) 采用不需要重新布线的智能控制系统、模块化结构，以确保整个系统的操作灵活性。

(2) 采用多样式智能控制终端，支持安卓（Android）、苹果（iOS）等手机或平板计算机。

(3) 要集成对中央空调的控制，要求通过中央空调本身提供的控制接口完整地控制中央空调所有室内机，读取每个面板上的温度设定值和房间实际温度、冷暖模式，并显示在主人房间集中控制的触摸屏上，通过触摸屏随意控制每个房间的空调，并支持远程Internet 访问。

(4) 系统可以根据每个房间的使用情况（有人、无人、温度、湿度、季节、时间等），实现对中央空调、灯光、窗帘的自动管理。如有人进入房间时，窗帘自动打开，空调自动启动，晚上灯光自动调亮；无人时，自动关闭空调、窗帘和灯光。

(5) 安防系统做到万无一失，要和安防、报警联动。报警时给主人发短信或打电话，报警区域灯光亮起。

(6) 控制对象包括灯光调节、电动窗帘、遮阳系统、中央空调、热水器、家庭影院系统、电动门窗、安防报警系统和背景音乐系统等。

(7) 技术方案。在房屋施工中，水电布线是一门学问，它的布线不可随意为之，而是需要讲究一定的布线原则。装修布线属于家装隐蔽工程，一旦铺设完成，便难以改动，因此在布线时需遵从制定的布线原则。

9.1.4　综合布线

在布线之前，应考虑到总体的设计，需要考虑到各个插座的布置，各类家电的摆放位置，同时需综合考虑网线、有线电视电缆、电力线和双绞线的布设。电话线和电力线不能离双绞线太近，以避免对双绞线产生电波干扰；但它们之间的距离也不宜离得太远，相对来说位置保持在 20cm 左右即可。

1. 简约设计

虽然家中使用的电器较多，但与工装相比，它的信息点的数量会较少一些，因此管理起来较为方便，所以家居布线无须再使用配线架。双绞线的一端连接信息插座，另一端则可以直接连接集线设备，这样能有效地节约装修开支，减少管理的难度。

2. 装修布线注意事项

烹饪区和浴室的布线尽量不要在地面布强电线，应尽可能地在墙上或者顶部布线，这是因为厨卫空间用水量大，地面较为潮

笔记

湿。厨卫装修对地面的防水也很严格,如果在地面开槽布线,则会影响到整个房间的防水使用功能。强电和弱电不能交叉分布,也不能使用同一个布线盒,两者之间的间距必须大于150mm,以免产生电波干扰,影响到正常用电。

3. 别墅装修成本核算

按工程分判模式,别墅装修成本包括以下内容。

1) 装修施工费

装修施工费不包括厨卫防水及原不考虑精装修交楼后方案改为精装修交楼造成的墙体打砸及水电改造费(约50元/m^2),约占总装修成本的25%～28%。

2) 主要分包及设备

约占总精装修成本的50%。

(1) 厅房地面装修(多层实木地板或多层实木地板+客厅砖):约占总装修成本的12%～14%,与材料价格及户型有关,大户型取低值。

(2) 户内门:约占总装修成本的8%～18%,差异较大,测算时按门的数量实测,考虑门的品牌档次、形式,如厨卫是否为木门,厨房门是单扇还是推拉门,储藏室有无门,阳台门室内侧是否要包门套等。

(3) 厨房设备:约占总装修成本的10%～14%,影响因素较多,橱柜、厨房电器的档次,测算时需与市场人员和设计人员沟通清楚。

(4) 洁具及龙头:约占总装修成本的8%～20%,与户型大小、洁具档次、配置有关,测算时按卫生间数量及配置测算。若是大户型,需考虑主卫是否为按摩浴缸,主卫是否另设淋浴房等。

教学活动:小组PK赛

分小组进行某智能别墅项目中的别墅装修成本核算。

9.2 别墅分区设计

9.2.1 内院

智能小屋案例一

内院入口灯、车道灯具有定制控制功能,晚上8:00～凌晨5:00,无人、车时,灯光自动关闭;人、车经过时,灯光开启。

无论是在门厅的触摸屏上,还是在手中的移动控制终端,主人都可以随时随地查看内院的场景。

当主人离家或夜晚入睡时,设置为设防状态,当内院有人走动

时，自动发短信或打电话报警，同时，内院和室内的灯光自动打开，提醒主人的同时可以吓走盗贼。

智能小屋案例二

9.2.2 玄关

玄关如图 9-3 所示。

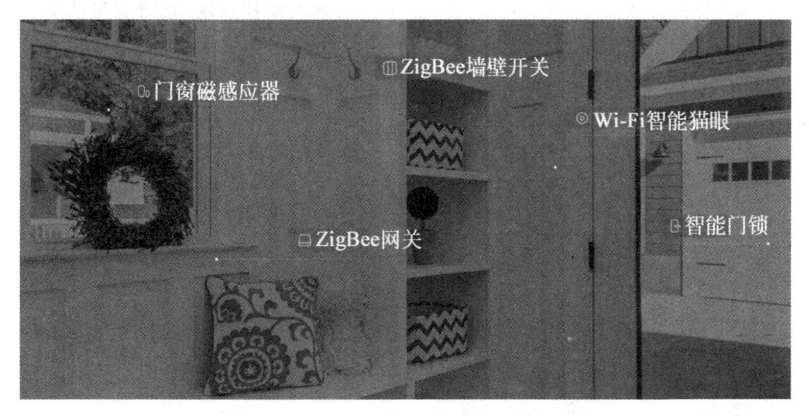

图 9-3 玄关

（1）安装智能门锁、门磁报警系统。

（2）通过门的开关状态，设定灯光、空调等家电的不同的场景模式或主人离家状态的报警。

9.2.3 客厅

客厅如图 9-4 所示。

图 9-4 客厅

安装触控式场景面板控制灯光和电动窗帘。

灯光设置多个场景：如会客、看电视、休闲、调亮、调暗和自动，具体灯光场景效果可根据主人的喜好设定。在不同场合，只需要按下场景遥控器中其中一个场景，完美的灯光氛围瞬间转换。客厅触控式场景配置所需设备如表 9-1 所示。

笔记

表 9-1 客厅触控式场景配置所需设备

设备名称	单位	数量	备　注
ZigBee 2 位凹点触摸开关	个	1	控制客厅吊灯的开关
Wi-Fi 网络摄像头	个	1	事实监控现场,观看家里情况
电动窗帘轨道	m	定制	控制盒可以实现电机的正转、反转、停止、点动正转和点动反转等操作,以此实现电动窗帘的开、关和停止
电动窗帘电机	个	1	
通用型电动窗帘控制盒	个	1	
调光面板	个	1	控制客厅里壁灯的明暗度

9.2.4 卧室

卧室如图 9-5 所示。

图 9-5 卧室

灯光设置为明亮、看电视、起夜、调亮和调暗等场景,卧室灯光场景配置所需设备如表 9-2 所示。

表 9-2 卧室灯光场景配置所需设备

设备名称	单位	数量	备　注
空气净化器	个	1	用 App 连接手机,可实时查看家里的空气质量,守卫家人健康
智能香薰机	个	1	伴睡灯光柔和不刺眼,宁静美好,伴随香薰与彩灯的氛围,浪漫美好
无线人体红外探头	个	1	防止盗贼入侵,比如当主人不在家而窗户被打开或有人进入卧室时,主机自动发短信或打电话给主人
86 型无线调光面板	个	1	控制卧室灯光开关,通过开关的不同组合,可以得到多种灯光场景
电动窗帘套装	个	1	一套完整的智能窗帘

笔记

9.2.5　老人房

老人房如图 9-6 所示。

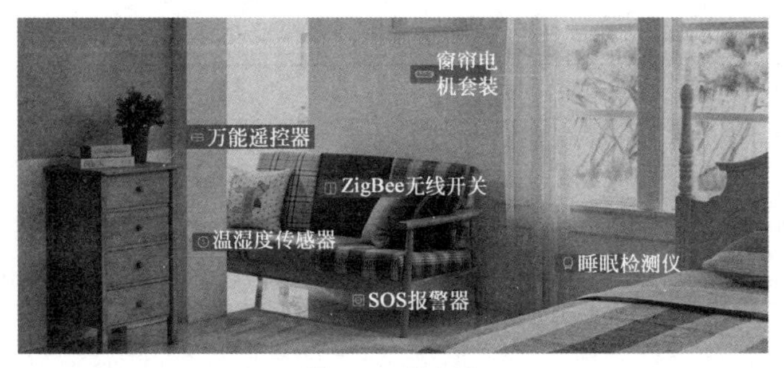

图 9-6　老人房

在遇到紧急情况时按下紧急按钮，求救信息会立即发到授权手机和物管中心，老人房紧急按钮相关设备如表 9-3 所示。

表 9-3　老人房紧急按钮相关设备

设备名称	单位	数量	备　注
万能遥控器	个	1	通过万能遥控器和 App，一键控制空调、电视、机顶盒等家中电器
无线温度传感器	个	1	可以检测室内温度并在手机 App 中显示，当温度达到一定程度时，空调自动开启或关闭
无线调光面板	个	1	晚上，当老人起夜时，灯光自动调整为 30%的亮度，避免刺眼
SOS 报警器	个	1	老人在遇到紧急情况时，可以通过触发按钮通知家人
电动窗帘套装	个	1	一套完整的智能窗帘

9.2.6　儿童房

儿童房如图 9-7 所示。

图 9-7　儿童房

笔记

儿童临睡时,有催眠效果的背景音乐响起来,睡眠灯打开,窗帘自动关闭;待儿童入睡后音乐停止,灯光关闭。儿童房睡眠环境所需设备如表 9-4 所示。

表 9-4　儿童房睡眠环境所需设备

设备名称	单位	数量	备　注
ZigBee 无线开关	个	1	无须布线,可实现灯光双控
智能台灯	个	1	多模式切换,智能护眼
电动窗帘套装	个	1	一套完整的智能窗帘
空气净化器	个	1	净化空气,高效除菌,保护儿童健康

9.2.7　厨房

厨房如图 9-8 所示。

图 9-8　厨房

厨房要安装烟雾报警器、水浸探测器、燃气报警器和机械手,当发生险情时能及时报警。险情报警设备如表 9-5 所示。

表 9-5　险情报警设备

设备名称	单位	数量	备　注
烟雾报警器	个	1	探测烟雾,当气体浓度达到一定标准时,探测器触发声光报警,向主人或报警中心传输报警信号
水浸探测器	个	1	一旦发生漏水,立即发出警报,防止漏水事故造成相关损失和危害
燃气报警器	个	1	当燃气在空气中的浓度超过设定值,探测器就会被触发报警,同时启动排风设备、机械手,保障生命和财产的安全
机械手	个	1	用于家用燃气监测,有报警与自动关闭功能,提高安全性

笔记

9.2.8 卫生间

卫生间如图 9-9 所示。

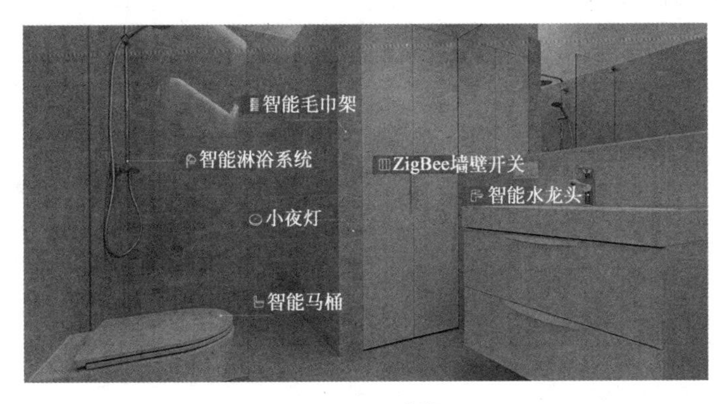

图 9-9 卫生间

卫生间在使用过程中，相关智能设备联动进行工作，所需设备如表 9-6 所示。

表 9-6 智能卫生间所需设备

设备名称	单位	数量	备 注
智能马桶	个	1	集温水洗净、按摩、暖圈、夜光等多项功能于一身，提供更佳的洁身功效和舒适的清洗体验
智能水龙头	个	1	触控灵敏，轻轻触碰屏幕即可调节水温高低与水流大小
86 型 2 路触摸开关	个	1	控制卫生间灯光（暖灯、照明灯）的开关

9.2.9 书房

书房如图 9-10 所示。

图 9-10 书房

笔记

智能书房所需设备如表 9-7 所示。

表 9-7 智能书房所需设备

设备名称	单位	数量	备　注
无线温度传感器	个	1	检测室内温度并在手机 App 中显示,当温度达到一定程度时,空调自动开启或关闭
86 无线调光面板	个	1	控制不同场景,调整灯光明暗度
86 遥控插座(2200W)	个	1	控制手动控制家电的开关,如充电器
电动窗帘套装	个	1	一套完整的智能窗帘

9.2.10 楼梯走廊

楼梯走廊如图 9-11 所示。

图 9-11 楼梯走廊

楼梯走廊所需设备如表 9-8 所示。

表 9-8 楼梯走廊所需设备

设备名称	单位	数量	备　注
86 型两路触摸无线遥控开关	个	1	控制楼梯走廊灯光的开关
无线人体红外探头	个	1	在安防状态下有人经过时,人体红外探测器将触发报警

别墅的智能家居设计方案一定不能过于狭隘。智能家居是现代家庭装修设计的主流和趋势,作为大面积和高档社区的设计方案要在体现档次和品位的同时,注重居住的智能化和功能性。

室内外控制信息采集表,如表 9-9 所示。

笔记

表 9-9 室内外控制信息采集表

区域	设备						
	灯光开关类		遮阳类		背景音乐类		
	普通开关灯	喷泉水灯	RGB 灯带	遮阳栅	天篷帘	触屏式主机	仿真喇叭
露台	2				2		
庭院	6	1	2	3		1	6

区域	设备							
	安防监控类			可视对讲类	其他			
	数字摄像头	入侵探测器	风光雨传感器	声光报警器	门口机	晾衣架	喷水电磁阀	车库门
露台			2	2		1		
庭院	6	6			1		3	1

别墅智能系统的架构如图 9-12 所示。

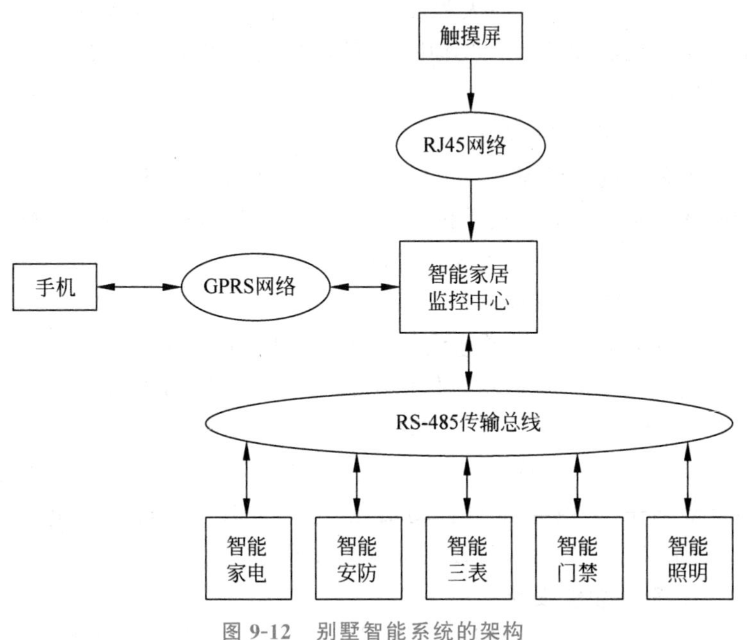

图 9-12 别墅智能系统的架构

9.2.11 智能灯光、窗帘、电器控制系统

智慧搭配所有光源，预设多种生活场景，并一键控制，界面化管理各路光源。开关窗帘随时调整它的停顿状态。将家庭电器有机互联，实现对家电的集中无线遥控、定时开关控制及远程控制。

笔记

1. 场景切换

各种(组)灯光的变幻组合能在不同的时刻营造出不同的氛围和情调,通过智能照明系统的布线和设置,能轻松地根据自己的喜好组合不同的场景模式,并能将这些场景实现"一键式"存储和开启。每个灯在不同场景中各自的状态和亮度均可设置并记忆,使用时只需轻轻一按,复杂的灯光效果即刻呈现。

2. 影音娱乐系统

影音娱乐控制系统的设置和操作化繁为简,懒人式操控,配合高清 DVD、HDPC、蓝光播放器、X-BOX、Wii、高清投影、专业音响,让用户轻松享受专业级别的视听盛宴。

3. 背景音乐系统

中央数字背景音乐系统,让每个家庭可根据自身实际需求选择理想的音乐家居模式,让音乐融入家庭生活的每个角落,享受现代科技带来的高品质生活。

4. 数字对讲系统

由可视对讲结合门禁系统组成的数字可视对讲系统,通过对外来人员的甄别,以最大程度的安全防范,将不安全成分降至最低。小区内各出入口、管理中心、住户之间均可实现可视对讲,沟通零距离。

5. 远程控制系统

远程控制系统基于 IP 技术、5G 宽带和移动网络,使用户可以随时随地利用计算机或手机等各类手持终端设备实时查看与操作家中的一切,无限延展对家的控制。

6. 智能安防系统

从红外布防到门磁感应再到煤气感应,智能家居安防系统为住户全天候守护,随时探查任何细微的家居危险,无论发生任何特殊状况,系统都立即快速反应,并及时做出最恰当的处理。

庭院植物敷设自动浇灌系统、土壤检测器,根据土壤环境值进行浇灌动作,天气干旱时自动浇花,下雨天时不会浇灌。鱼池进水、出水、增氧机、喂食等设备也可接入系统控制。

7. 别墅功能设计

别墅空间功能规划设计,功能区应用合理,提高空间使用率,提高生活质量,满足日常使用要求,并将多余的空间合理设计以满足住户的业余爱好,提升别墅的价值。

教学活动:讨论

你觉得别墅设计时,需要考虑有哪些功能。

笔记

9.3 别墅场景

1. 卧室小场景

卧室入口和床头安装触控场景面板，一键管理控制，方便快捷。

灯光设置多个场景"明亮""起夜""起床""看电视"等，自定义编辑。

起夜场景：地脚灯打开，卫生间的灯同时打开；起床场景：窗帘缓缓打开，背景音乐响起，热水器自动开启，电视播报您关注的最新新闻等。

每个卧室设有紧急按钮报警，以便紧急事件时使用。

场景联动：与智能家居联动，实现睡着自动关灯、关窗帘、调节室内温度，创造舒适睡眠环境。

2. 客厅小场景

客厅是最常用的空间，用于日常活动和待人接客等，需要有灯光调节、电动窗帘（双层）、中央空调/地暖控制等。安装智能场景面板，控制客厅内所有灯光、窗帘及电器设备；灯光设置多个场景："看电视""会客""休闲""调亮""调暗""自动"；设置灯光场景效果，可根据主人的喜好而设定。在不同场合，只需要按下其中的一个场景，完美的灯光氛围瞬间转换。安装环境监测系统，可根据室内环境联动新风系统，自动调节。

3. 卫生间小场景

当主人起夜时，卫生间的主灯光自动调整为30%的亮度，避免刺眼。

安装水浸探测器，实时监测卫生间，若漏水则自动关闭阀门。

安装智能魔镜，当主人清晨在卫生间洗漱时，通过语音交互的方式即可播放音乐、查看天气、浏览新闻、查看美妆教学视频。

4. 厨房小场景

安装净水器，可直接有饮用水。安装机械手和燃气探测器，当厨房燃气泄漏时，触发报警，可自动关闭燃气进气管道，防止危险的发生。安装水浸探测器，当有漏水发生时，将有消息发到用户的手机上，提示厨房漏水，可以通知物业，尽快维修，以免造成财产损失。

5. 庭院小场景（安防监控、周界围栏、可视对讲）

访客可直接透过别墅门口机呼叫室内机做可视对讲，确认访客身份开门。

6. 车库小场景

夜晚，车子来到门前，车库卷帘门自动打开，车库里的灯打开，车库设置智能监控摄像头，如有人非法闯入则会留下影像资料，方便相关部门进行破案。

笔记

教学活动1：讨论

假设让你为别墅设计一套智能方案,你会用到哪些智能家居?采用哪些系统?

教学活动2：个人职业生涯发展规划小组PK赛

搜索资料,进一步了解物联网行业发展趋势和目前企业的情况,同时借助招聘网站搜索最新招聘信息。将上述信息整理、分析,结合个人素质评估结果,评估自己的特质,进而制定一个个人职业生涯发展规划。要求以PPT的形式进行阐述。

习题

1. 什么是智能别墅?

2. 别墅分为哪几类?

3. 智能别墅的优势有哪些?

4. 智能别墅要运用哪些系统?

笔记

5. 别墅应用的智能家居和多层、高层住宅应用的智能家居有什么区别？

6. 家庭环境控制系统包括哪些产品？

7. 我国目前知名的智能家居项目有哪些？

参考文献

[1] 林凡东,徐星.智能家居控制技术及应用[M].北京:机械工业出版社,2017.
[2] 罗汉江,束遵国.智能家居概论[M].北京:机械工业出版社,2017.
[3] 赵骞,张波永.智能家居系统开发[M].北京:机械工业出版社,2017.
[4] 于恩普,张鲁.智能家居设备安装与调试[M].北京:机械工业出版社,2015.
[5] 杭州晶控电子有限公司.教你搭建自己的智能家居系统[M].北京:机械工业出版社,2019.
[6] 田景熙.物联网概论[M].南京:东南大学出版社,2012.
[7] 韩江洪.智能家居系统与技术[M].合肥:合肥工业大学出版社,2005.
[8] 鄂旭,王志良,杨玉强.物联网关键技术及应用[M].北京:清华大学出版社,2013.